JIYU SHUJU WAJUE JISHU DE
LIANGSHI DAIXIE CHANWU FENXI YANJIU

基于数据挖掘技术的
粮食代谢产物分析研究

◎ 张爱武　于润众　张丽媛　著

中国纺织出版社有限公司

内 容 提 要

本书主要介绍了运用 HPLC – MS 和 GC – MS 等技术对玉米、大豆、绿豆和小米等粮食作物中的代谢产物进行代谢组学轮廓分析,并对粮食中的代谢产物进行分离和鉴定,分析其代谢差异性,根据特征代谢产物确定代谢通路和代谢途径的变化机制,得出代谢产物在代谢组水平上的分子特征,得到指纹谱图,建立新的粮食品种鉴定方法,为粮食精深加工、研发以及农产品安全性评估提供了数据支持,建立新的技术平台,理论联系实际,具有指导性和前瞻性。本书适合食品科学与工程、食品质量与安全、农产品贮藏与加工等专业师生和研究人员参考使用,也可供从事食品加工等相关学科的研究者和生产者参考应用。

图书在版编目(CIP)数据

基于数据挖掘技术的粮食代谢产物分析研究／张爱武,于润众,张丽媛著. －－北京:中国纺织出版社有限公司,2021.12 (2022.9重印)

ISBN 978 – 7 – 5180 – 9108 – 9

Ⅰ.①基… Ⅱ.①张… ②于… ③张… Ⅲ.①粮食作物—代谢物—研究 Ⅳ.①S51

中国版本图书馆 CIP 数据核字(2021)第 224770 号

责任编辑:闫 婷 责任校对:楼旭红 责任印制:王艳丽

中国纺织出版社有限公司出版发行
地址:北京市朝阳区百子湾东里 A407 号楼 邮政编码:100124
销售电话:010—67004422 传真:010—87155801
http://www.c-textilep.com
中国纺织出版社天猫旗舰店
官方微博 http://weibo.com/2119887771
北京虎彩文化传播有限公司印刷 各地新华书店经销
2021 年 12 月第 1 版 2022 年 9 月第 2 次印刷
开本:710×1000 1/16 印张:13
字数:223 千字 定价:98.00 元

序　言

　　粮食作物是人们日常生活中必不可少的物质,种类多样且营养价值高,对人类健康的意义不仅在于能量和基本营养素的供应,而且与降低许多疾病的风险有关。作为医、食双重功效兼备的重要新型食物资源,粮食作物在现代绿色保健食品中占有重要地位。代谢组学可以定义为一种无偏见的研究方法,它通过使用高度选择性和灵敏性的分析方法,结合生物信息学,鉴定和定量生物样品中所有代谢产物,所以可以对粮食中的代谢产物进行精确的鉴定,通过质谱仪和数据挖掘技术将获得的数据在美国国家标准与技术研究院(NIST)标准谱库进行对比分析,得到的代谢产物信息在京都市基因与基因组百科全书(KEGG 数据库)中进行搜索,找出差异代谢产物的上游产物、下游产物、参与的代谢途径及代谢过程中相关的酶和其直系同源基因,浅析其中的代谢机制,同时分析差异代谢产物和相同代谢产物的相对含量。

　　本书研究内容以中央支持地方高校改革发展资金人才培养项目"粮食污染物分析检测关键技术研究与应用"(2020YQ16)、国际合作重点研发项目"杂粮食品精细化加工关键技术合作研究及应用示范"(2018YFE0206300、2018YFE0206300 - 09)、黑龙江省政府博士后科研启动项目"粮食生产加工储运全产业链典型化学污染物分析检测关键技术研究"(LBH - Q20165)、黑龙江省自然科学基金研究团队项目"杂粮与主粮复配科学基础及慢病干预机制"(项目编号:TD2020C003)、北大荒集团(总局)重点科研项目(HKKY190407)、黑龙江八一农垦大学三横三纵项目(ZRCQC201906)为依托,总结了系列课题的研究成果,用质谱法对主粮、杂粮中的代谢产物进行分离和鉴定,并浅析代谢途径和机制,对不同产地或不同品种的差异代谢产物进行分析,通过分析转基因玉米和非转基因玉米的差异代谢产物来评价转基因玉米的安全性。本专著对相关领域的科研、生产单位从业人员和企业具有重要的参考价值。

　　本书共分九章,由黑龙江八一农垦大学张爱武、于润众、张丽媛合著而成,其中,第1章、第2章、第9章由张爱武编写完成;第3章、第4章、第5章、第6章、第7章、第8章由于润众编写完成。全书由张丽媛统稿。在此特别感谢于英博、代安娜、宋亭、张瑞婷、卢利丰等研究生在书稿撰写过程中给予的大力帮助。

由于本书著者水平有限,在撰写过程中难免出现疏漏和不妥之处,敬请学术界同仁和读者在阅读本书过程中,能够提出宝贵意见。

著者

2021 年 9 月于大庆

目　录

第1章 概述

粮食是人类消费的主要植物性食品。自古以来,中国人就将粮食作物作为一种廉价且容易获得的食品来食用,它提供了人类生存和维持健康所需的三种有机宏量营养素(碳水化合物、蛋白质和脂肪)中的一种或多种,人类可以从粮食中获得将近一半的食物能量。

黑龙江省是中国耕地面积最大的省份之一,是世界著名的三大黑土地之一,耕地面积达 1586.6 万公顷,全省人均耕地面积居全国第一位,人均耕地面积达 0.4 公顷。黑龙江省地势平缓、土壤优渥、生产条件好、规模大、产量高,适合大机械作业,是重要的产粮和储粮基地,是每年供给全国粮食食用及出口贸易的主要大省。1980 年黑龙江省粮食的播种面积为 731.8 万公顷,2015 年粮食播种面积则增长到 1432.8 万公顷,但 2017 年黑龙江省的粮食种植面积虽然扩大了,单产量却下降了,从而导致了总产量的下降。而且在黑龙江省种植业调整的重点和方向中,有一条要求是控制和稳定好水稻播种面积、调整玉米播种面积、扩增大豆杂粮薯类的种植面积。2015 年 1 月,我国农业部正式提出马铃薯主食化战略,希望我国的粮食安全问题在确定马铃薯主食化后可以有所改善,虽然黑龙江省积极响应马铃薯主食化战略,但仍然有许多需要改进的地方。有关黑龙江省的小米的研究,无论是对其品质特性、理化特性、营养成分,以及淀粉和蛋白质等功能性质方面的分析研究,还是对小米本身的潜在价值的分析研究也是少之又少。

1.1 粮食发展现状

1.1.1 马铃薯

马铃薯原产于南美洲的安第斯山脉,在世界广泛分布,由于其适应性强、增产潜力大,兼具营养丰富、粮菜兼用、加工用途广等特点,目前约有 150 个国家和地区种植马铃薯,并且在很多国家被作为主粮食用。在我国,马铃薯也已有 400 多年的种植历史。国家农业部在 2014 年底的全国农村工作会上正式提出把"推进马铃薯发展和马铃薯主粮化"工作列入重要议程,并于 2015 年初明确提出了"马铃薯主粮化"。2016 年 2 月 23 日,农业部正式发布《关于推进马铃薯产业开发的指导意见》,提出"将马铃薯作为主粮产品进行产业化开发",自此,马铃薯成为我国继水稻、小麦和玉米之后的第四大粮食作物。

21 世纪以来,世界马铃薯种植面积有所减少。据联合国粮食及农业组织(FAO)的统计,2014 年,世界种植马铃薯 1920.5 万公顷,比 2000 年减少了 88.3 万公顷,减少了 4.4%;同期,马铃薯单产有所提高,从 16.3 吨/公顷提高到 20.1 吨/公顷,提高了 23.3%;因此,2000~2014 年,世界马铃薯产量并没有减少,反而从 32760 万吨增加到了 38507.4 万吨,增加了 17.5%。从种植面积来看,世界马铃薯种植面积最多的 5 个国家依次是中国、俄罗斯、印度、乌克兰及孟加拉国;马铃薯单产水平最高的 5 个国家依次是新西兰、美国、比利时、荷兰和法国;马铃薯产量前五大国家依次是中国、印度、俄罗斯、乌克兰和美国,据 FAO 统计,中国是目前最大的马铃薯生产国之一,世界近 1/3 的马铃薯产自中国和印度。

中国的种植面积占世界种植面积的 20%~25%,总产约占世界总产的 18%,占亚洲总产的 70%,居世界首位。中国 2014 年马铃薯平均亩产 1100 公斤。目前我国马铃薯种植面积和总产量均跃升世界首位,是世界总产量的 21%,消费也是世界上增长最快的国家之一。如此丰富多产的马铃薯决定了马铃薯主粮地位。同时,马铃薯主粮化无疑是给马铃薯深加工以及一系列机械设备生产线造就了发展机遇,同时也是助推加工设备能力提升的一种动力。

马铃薯兼具粮食、蔬菜及水果的营养,且更耐储存、适应性广、分布遍及世界各地、产业链长、加工产品广泛,因此,马铃薯种植加工被联合国看作拥有经济效益、社会效益、生态效益及可持续发展的绿色黄金产业。

如今马铃薯的深加工食品大都集中在附加值极低的淀粉、冷冻食品、脱水食品等产品上,而附加值高的产品如油炸食品,对马铃薯营养的破坏极大。只有附加值高且可保留马铃薯营养成分,同时市场容量巨大的加工食品如各种糕点、面包及其他食品,才是马铃薯深加工产业的出路。

我国马铃薯加工业总体水平比较落后,其中 10% 作为种薯、10%~15% 作为蔬菜食用、30% 作为主粮食用、10%~20% 腐烂浪费掉,15%~20% 用于饲料,仅有 10% 用于深加工,且多限于加工粗制淀粉,制作粉丝、粉条等中低端产品,用于加工马铃薯全粉及其复合薯片、薯条、薯泥,马铃薯淀粉,变性淀粉及淀粉粉丝、粉条、粉皮,马铃薯蛋白粉,马铃薯膳食纤维,马铃薯渣发酵乙醇,马铃薯渣生物饲料,柠檬酸以及马铃薯冷冻制品和马铃薯膨化休闲制品等新兴高附加值马铃薯制品的较少,大部分源于进口,且废渣或废液资源化回收利用率不到1%,生态污染严重。同时,受产品保鲜、贮藏和产品深加工工艺的制约,一般就地销售或部分出口,科技研发投入目前仅占销售收入的0.4%,大大低于发达国家的平均水平(2%~3%),国际竞争力较差。

6.5吨左右的马铃薯可生产1吨精制淀粉,同时可排放5吨湿废渣,而5吨湿废渣可生产0.2吨水溶性膳食纤维粉和0.3吨生物乙醇产品。马铃薯膳食纤维有助于合理调整膳食结构,防止"文明病和富贵病"的发生;马铃薯冷冻制品有助于带动鲜切片型、鲜切条型、脱水型、薯饼、薯丸、薯块、薯丁及其他膨化休闲食品等下游加工产业链条的健康发展;马铃薯渣生物乙醇无毒且可生物降解,可作为增氧剂提高辛烷值,使燃烧更充分,在减少石油消耗量、降低石油依赖性的同时,降低燃烧中的一氧化碳等污染物的排放,保护环境。

目前,我国乙醇年总产量仅为600万吨,年需求量达1000万吨以上;燃料乙醇年需求量600多万吨,缺口200万吨;膳食纤维年需求量达1500万吨,市场缺口800万吨;冷冻马铃薯制品年需求量达70万吨以上,而实际年产量仅30万吨,缺口达40万吨,市值消费空间潜力达数百亿元以上。

深加工是产业链的延伸,现代化的深加工处理是马铃薯升值的重要一环。我国拥有丰富的马铃薯资源,每年5%的马铃薯生产增长率、只有5.5%的利用率,为我国马铃薯深加工产业提供了巨大的发展空间和潜在市场。更新观念、深加工产品多样化、生产规模专业化、科研与技术高新化是当前发展马铃薯深加工的关键。

现代科学发展的实践已经证实,对马铃薯进行科学的、工业化的深加工,可避免马铃薯固有的短板,还可使马铃薯食用更为方便、更多样化,更有利于马铃薯与其他主粮搭配食用,从而既提高主粮的整体营养价值,又满足人们的食物多样性需求。

2016年初,我国启动了马铃薯主粮化战略,大力推进马铃薯馒头、面条、米粉等主食加工。马铃薯淀粉、全粉,马铃薯复配粉、粉条,马铃薯面条,马铃薯馕等深加工产品相继生产。

马铃薯产业链的终端及主粮化并不意味着鲜食马铃薯。据悉,国家实施马铃薯主食化战略,最主要的意义就是,鲜薯转化后作为国家储备粮使用。鲜薯一般只能储备1年,而加工成为全粉、生粉可储备10年以上,较大米、玉米和小麦等传统粮食3年储备期,更耐储藏。所以,大力推进设备化深加工是马铃薯产业主粮化发展道路的必然选择。

从马铃薯原料的种植、培育,到初加工产品的配方粉,再到深加工产品的面包、蛋糕、面条、馒头等,最后销售到市场。马铃薯产业链将被打开,而且因为市场的空白及需求量大将形成一个活力无限的产业。

目前,对马铃薯进行脱水加工最好的产品之一就是马铃薯全粉,马铃薯全粉是以干物质含量高的优质马铃薯为原料,经过清洗、去皮、切片、漂烫、冷却、蒸煮、制泥、干燥、筛分等多道工序制成的、含水率在10%以下的粉状料。马铃薯全粉主要包括马铃薯颗粒全粉和马铃薯雪花粉这两种产品形式,它们是因加工工艺过程的脱水干燥及后期处理方式的不同,而派生出的两种不同风格的全粉产品。

马铃薯颗粒全粉生产特别强调保持马铃薯细胞的完整性,所以在工艺中采用了回填、调质等特殊的生产工艺处理,最大限度地保护了马铃薯果肉的组织细胞不被破坏,更好地保全了马铃薯的风味物质和营养物质,可使复水后的马铃薯颗粒全粉更好地呈现出新鲜薯泥的性状:具有浓郁的鲜薯泥香味和滑润的沙质口感及营养价值。

马铃薯颗粒全粉外观呈浅黄色沙粒状,细胞完好率在90%以上;马铃薯雪花粉外观呈乳白色、微细片状,细胞相对被破坏较多,保持养分及风味物质在60%左右。相比鲜马铃薯而言,马铃薯全粉避免了鲜马铃薯的上述弊病,它可长时间安全储存,又方便集运,大大降低了储运成本;在食用方面,它能方便地与其他主食混合搭配,并能使其他食材的性能向好的方面发展、转化,还可使各种食材的营养实现互补。可以毫不夸张地说:马铃薯全粉就是马铃薯主粮化的金钥匙。

目前,可连续化作业的马铃薯全粉生产线,由所配置的可编程逻辑控制器技术(PLC)实现感应监控和自动化控制系统管理,整套加工生产线及控制设备已经达到和部分超过国际先进水平。现在,国内不但已实施和安装了26条马铃薯全粉自动化控制生产线,并且企业创制的、中国品牌的马铃薯加工装备早已走出国门,出口到美国、欧盟及亚洲其他国家、非洲、拉丁美洲。

黑龙江省是马铃薯生产大省,栽培历史悠久,资源优势突出,是国家重要的种薯和商品薯生产基地,省内马铃薯种植面积近3年连续保持在420万亩以上,马铃薯种植面积10万亩以上的县(市、区)发展到11个,种植面积最大的讷河市已经达到了70万亩,黑龙江省独具的种植优势、加工优势,以及科研优势,使得全省马铃薯产业实现了快速健康发展。据统计,2014年黑龙江省马铃薯产量高达107.1万吨,共有加工企业3000余户,年加工马铃薯500万吨。形成了一批龙头企业,例如,北大荒薯业、嵩天薯业和大兴安岭丽雪等,全省从事淀粉加工的熟练技术工人和人才的总量居全国第一位。马铃薯加工产业围绕黑龙江省的中北部和西部马铃薯加工产业带进行建设,重点围绕齐齐哈尔、克山、嫩江、望奎、海伦等县和农垦齐齐哈尔、北安管理局,着重发展新建、改造马铃薯精深加工产业和休闲食品加工业。

总之,马铃薯是全世界重要的园艺产品之一,因为具有营养和促进健康的价值而适于人类饮食和动物饲料,已成为当今研究的重点。此外,马铃薯碳水化合物的可负担性、丰富性、良好的来源以及其副产品在食品加工和工业应用中的大量使用使马铃薯成为食品工业供应链中的重要产品,而且正在逐步发展成我国第四大粮食作物,能够为中国的粮食安全提供重大的保障。预计到 2025 年,我国马铃薯鲜薯生产量将达到 2 亿吨。

1.1.2 玉米

玉米作为主要的粮食作物,一直以来是商品市场上的大品种。近年来,"老玉米"又添加了"新身份",除了最基本的农业种植以及初级的食品、饲料加工以外,还采用物理、化学方法和发酵工程等工艺技术对玉米进行深度加工。玉米深加工产品主要有玉米淀粉、玉米蛋白粉、变性淀粉、玉米淀粉糖、玉米油、食用酒精、燃料乙醇、谷氨酸、赖氨酸、聚乳酸、木糖醇、化工醇、蛋白饲料、纤维饲料等数千个品种,玉米深加工产品广泛应用于纺织、汽车、食品、医药、材料等行业。随着加工层次的不断加深,已形成玉米经济系统。

全球有两大著名玉米黄金带,分别位于美国和中国。中国是全球第二大玉米生产国,同时也是全球第二大消费国,曾经局限于食物和饲料为主要消费的玉米如今有了巨大变化,除了稳步增长的饲料消费外,这些年玉米深加工业飞速发展。

玉米是三大粮食作物中最适合作为工业原料的品种,也是加工程度最高的粮食作物。玉米加工业的特点是加工空间大、产业链长、产品极为丰富,包括淀粉、淀粉糖、变性淀粉、酒精、酶制剂、调味品、药用、化工八大系列,但主要是淀粉及酒精,其他产品多是这两个产品更深层次的加工品或生产的副产品,这些深层次的加工品或副产品的价值相当高,即具有较高的附加值,可带来高利润。

据国家统计局统计,我国玉米产量在 2013 年为 2.18 亿吨、2014 年为 2.15 亿吨,2015 年玉米总产量达 2.43 亿吨,2016 年中国玉米产量比上年减少 2.9%,约为 2.18 亿吨。中国玉米深加工产品有糖类、酒精类、赖氨酸及柠檬酸等产品,其中味精产品产量占世界第一。玉米深加工产品中,山东、吉林、河南、黑龙江、河北、内蒙古自治区、安徽 7 地相关产品超过 85%，山东、吉林接近一半产量。

一是区域优势，黑龙江省森林面积 1919 万公顷，草原面积 433 万公顷，高等植物 2400 多种，可食用的有 1000 种以上，水域面积 115 万公顷，是世界三大黑土带之一，粮食产量已连续 11 年增长，玉米产量占全国玉米产量的 21.14%，位居全国第一。这些都是国内其他地区无法比拟的优势所在。二是区位优势，黑龙江省地处我国东北边境，毗邻俄罗斯，背靠东北亚腹地，是沟通中国与欧亚的桥梁，独享《中蒙俄经济走廊黑龙江陆海丝绸之路经济带建设规划》发展机遇，独特的地理位置让我省在东北亚区域发展和合作中具有重要的区位优势。三是技术优势，"哈大齐工业走廊"内拥有国内一流的大专院校和科研院所，拥有一大批处于国内前沿的专业技术人才。现有两个国家级重点实验室，具有玉米产业相关的分析测试中心、研究所、研究室 20 多个。四是加工优势。围绕哈尔滨、绥化、齐齐哈尔、大庆等玉米主产区，依托黑龙江省中粮生化（肇东）、中粮生化（龙江）、黑龙江龙凤玉米开发有限公司、哈尔滨大成玉米、大庆博润、绥化昊天玉米等产业化龙头企业，形成以玉米淀粉为原料的精深加工产业发展集聚区。

龙头企业前延后伸融合，将农户、加工企业和经销商等不同环节的经营主体，在空间上集聚形成利益共同体，农民合作社中已有 53.3% 从事产加销一体化经营，打造了农业产业化升级版。"互联网+"等新信息技术渗透融合，将电子商务等新业态引入玉米产业，模糊了产业边界，缩短了供求距离。

玉米加工业的发展，延长了玉米产业链、价值链，我省也逐步从出售原字号玉米转向出售其加工制品，实现了农民增收和吸纳劳动力就业的良性发展，同时加快推动了现代农业产业体系、生产体系、经营体系的构建。中国的玉米产量已从 2000 年的 2300 万公顷增加到 2017 年的 3540 万公顷，玉米产量约占全国谷物产量的 38%。中国已成为世界上玉米播种面积的主导地区，2017 年产量达到 2.16 亿吨，占全球产量的 21%，玉米已经成为最有生产力的谷类作物之一，在直接或间接地为人类提供食物方面起着极为重要的作用，同时由于其巨大的表型和基因型多样性，玉米也成为基础研究中使用最广泛的模型植物之一，据估计，玉米保留了其祖先玉米的 83% 的遗传多样性。

1.1.3 大豆

全球大豆产量从 1992 年的 1.17 亿吨增加到 2015 年的 3.16 亿吨，增幅高达 170%。世界大豆的供给格局高度集中，从国别来看，全球大豆产量最高的国家分别是美国、巴西、阿根廷和中国，产量之和占世界大豆产量的比例为 86.8%，其中,美国是最大的大豆生产国,占比达 33.9%;出口量方面,世界主要三大出口国为巴西、美国和阿根廷,出口量之和占比达 89.2%,其中巴西占比就达44.9%,美国占比达 35.7%。全球大豆生产主要分布于美国、巴西、阿根廷和中国。过去20 多年间,四国大豆产量占全球总产量的比重始终在 87% 以上,集中度非常高。从全球大豆种植面积来看,巴西种植面积自 1998 年至今呈现高速增长的趋势,增幅高达 167%,预计在今后几年内将超过美国成为全球第一大大豆种植国,而印度大豆种植面积于 2007 年超过中国成为全球种植面积第四大国。随着南美种植面积的扩张,大豆生产集中程度可能会进一步加强。

世界大豆的出口国主要有巴西、美国和阿根廷。2002 年以前,美国大豆的出口量居世界第一,并比整个南美大豆出口量的总和还要高。但随着巴西、阿根廷大豆产量的大幅增加,美国主宰世界大豆出口贸易的格局发生了变化。2002 年,巴西和阿根廷大豆的出口总和上升到 2844 万吨,首次超过美国出口量 2842 万吨,增幅高达 353%,而到 2012 年时,巴西出口量已上升到 4190 万吨,首次超过美国大豆出口量。

大豆,作为中国主要的油料作物、经济作物和工业原料,是油脂和蛋白质的重要来源,属于产业链长、辐射面广的农作物。作为世界大豆的发源地和原产国,中国曾经是世界大豆的种植大国,长期处于大豆净出口状态。随着经济的快速发展,对豆粕和豆油的需求大量增加,国内的大豆生产远远跟不上需求增长的脚步,大量从国外进口大豆成为必然的选择。近年来,大豆已经成为国内供需缺口最大的农产品之一,大豆的进口量在国内农产品进口中也排在第一位。

大豆加工产业主要包括大豆油脂、大豆蛋白粉、浓缩蛋白、豆乳、豆腐、豆皮等产品,其副产物还可加工产生磷脂、膳食纤维粉、低聚糖和大豆皂苷等。根据大庆的资源情况、国内外市场消费情况以及国家、省、市的农产品加工发展战略,建议在今后的十年中重点发展大豆油脂、大豆蛋白粉、浓缩蛋白、磷脂、膳食纤维粉、低聚糖和大豆皂苷等产品。

我国大豆深加工产业不仅缺乏完整的科学技术创新体制,而且大豆加工生产技术与发达国家相比技术也较落后。例如,在大豆的基础性研究工作方面,美国从 20 世纪 50 年代起就投入较大财力和人力,每年有十几种甚至几十种高产优质新品种上市。我国 20 世纪 80 年代起才开始开展对大豆蛋白方面的研究,而且研究设备简陋、研究开发部门少,产品由实验室结果、中试转化再到工业化的进度较慢,因此导致我国蛋白质产品品种单一,大豆蛋白产品在食品工业中应用面过窄,与国外先进技术相比差距较大。

国家大豆工程技术中心的一项调查表明,全世界大豆制品已达到 12 000 多种,而我国仅在初级加工领域拥有几百个品种。目前,我国初具规模的大豆加工企业有 4 300 家,其中超过半数是榨油企业,加工层次偏低,高科技产品少。据调查,我国大豆加工企业不仅规模小、生产能力低下,精深加工的企业占比仅为 22%,且原料提供基地、生产加工基地之间结合不紧密,加工过程中的副产物不能充分利用,油脂产品仅为食用油的生产,新型加工产品也仅停留在蛋白质的加工阶段,造成大豆原料的严重浪费,同时还存在产品品质不稳定、缺乏行业相关标准等亟待解决的问题,从而在国际市场上的竞争力明显不足。

1.1.4 杂粮

杂粮包括燕麦、黄米、大麦、绿豆、红小豆、豌豆、蚕豆、芸豆、豇豆、小扁豆等小宗粮食,杂粮因其具有生长周期短、适应范围广、耐旱耐瘠等特点,多分布在我国东北、华北北部、西北大部分地区及西南的云贵高原。其中东北、华北、西北地区为我国的主要杂豆产区,其种植品种多以芸豆、绿豆、红小豆、燕麦、大麦等为主,年均种植面积约 155 万公顷。

杂粮种植分布区域广、生态多样性复杂,直接造成杂粮的品种种类繁多,但适合种植的高产优质品种却很少,品种多数以农家品种为主,农民没有购买新品种的习惯,基本上是以自选自留为主,造成杂粮杂豆品种退化严重,产量水平停滞不前。由于长期重视大作物生产而忽略了对杂粮的支持,对杂粮种质资源、种植技术和植保技术等方面的研究的人力物力投入远不能满足杂粮生产的需要,少有可供生产应用的高产优质品种、高效栽培技术和病虫草防治技术。杂粮一直属于生产管理粗放,种植生产技术落后的作物,没有针对各类杂粮作物的栽培技术和管理措施的标准可以参考,农民基本上还是采用传统的种植方式进行零星种植,没有形成规模化的生产格局,使得杂粮的生产不能形成规模化效益,产量一直徘徊在较低的水平,极大地影响粮食安全和当地农民的经济收入。另外,由于杂粮种植区域地块分散,劳动力短缺,亟须开发机械化生产技术,以提高劳动生产效率。

杂粮杂豆既是传统食粮,又是现代保健珍品。我国自古以来就有很多杂粮种类,我国食文化的基础也是以粮食为主。我国的膳食营养指南中建议每天吃50 克的粗杂粮,食物多样,谷类为主,粗细搭配,可预防慢性病的发生。"安全、优质、营养、保健"食品是目前食品行业的发展趋势。杂粮营养全面,宏量营养素平衡,微量营养素丰富,富含多种植物化学元素,且杂粮生产过程绿色无污染,是均衡膳食营养健康的优质食品原料。

国内杂粮杂豆加工的科学研究主要附属在粮食的研究领域,主要集中在品质评价、新食品开发、保健功能因子研究及副产物综合利用等。在我国不同地域均拥有其独特的杂豆生产品种,但在技术研究方面多偏于育种和种植,杂粮杂豆深加工产品还主要是初级简单加工品、民族传统食品,其产业化技术严重不足,名牌产品很少,标准化加工生产体系不完善,而且对杂粮资源缺乏系统深入的研究,缺乏对影响杂粮口感与消化性的机理研究,从而导致杂粮产业化技术研发肤浅,产品食用性差,技术应用性差。

综上所述,杂粮产业存在良种覆盖度较低、生产投入少、栽培技术落后、田间管理粗放、生产效率低等问题。因此,要推动杂粮产业的健康发展,势必要把生产和加工结合起来,用加工带动生产,发展成产业带。在消费方面,单纯依靠杂粮很难带动整个产业的发展,所以在杂粮产业发展中应借助主粮的优势,与主粮进行科学合理搭配,走主食化道路;与传统食品相结合,走有特色的传统食品工业化之路;满足现代人快节奏的生活方式,开发方便即食食品,这将是解决杂粮产业面临的关键问题、推动杂粮产业发展的主要途径。

杂粮产业的增产增效主要围绕"扩大面积、优化结构、加工转化、提质增效"原则,在种植方面,综合考虑资源承载能力、环境容量、生态类型和发展基础等因素,确定不同区域的发展方向和重点,分类施策、梯次推进,构建科学合理、专业化的生产格局。根据不同区域的资源条件和生态特点,以保障国家粮食安全和农民种植收入基本稳定为前提,构建用地养地结合的耕作形式,以实现生态恢复与生产发展共赢。在杂粮加工方面按照"营养指导消费、消费引导生产"的要求,开发杂粮营养健康、药食同源的多功能性,广泛应用于主食产品开发、营养保健、精深加工等领域,推进规模种植和产销衔接,实现加工转化增值,带动农民增产增收。其具体措施如下:

适应国家调整农业发展的要求,以保障国家粮食安全和农民种植收入稳定为前提,重点规划替代东北冷凉区、北方农牧交错区、西北风沙干旱区等"镰刀弯"地区玉米的作物品种。

适应消费结构升级和需求多样化的趋势,要优先发展传承农耕文化、保护特色种质资源的区域特色杂豆,好品质是开发高档次产品的关键,在不同地域种植具有高蛋白、低面筋等特殊、特色的杂豆作物,以适应市场需求。杂粮中的杂豆属于低 GI(血糖生成指数)食品,高蛋白、高纤维、不可消化碳水化合物、低脂肪、低升糖指数、高 B 族维生素与矿物元素、低致敏性,早已被认为是健康饮食中的一部分。从国民的膳食结构的调整来促进我国杂豆产业的发展,重新认识并开发可提升国民健康、调整人类膳食结构的杂豆深加工品。

在调整种植结构时,考虑我国南北差异大,各地因地制宜地建立耕作轮作制度,以促进杂豆产业的可持续发展。在东北地区发展粮豆轮作的生态耕作制度;在北方农牧交错区,发展节水、耐旱、抗逆性强的作物;在西北干旱区,种植耗水少的杂粮杂豆等;在南方地区,发展禾本科与豆科等作物间作、套种模式,有效利用资源。同时,搞好良种的配套栽培技术的研究组装,改粗放栽培为精细管理,加强环境保护和监测,推广应用有机肥和生物农药。以新品种、新技术为主要内容建立示范基地,把标准化技术推广作为基础性工作来抓,扩大新技术向周边地区辐射推广,以实现可持续发展。

按照"营养指导消费、消费引导生产"的要求,开发营养健康、药食同源的杂豆深加工品,以改善杂豆高纤维对食品品质的影响,解决杂粮杂豆的技术瓶颈为目标,开发杂豆主食化产品、方便食品等,延伸杂豆产业链,实现加工转化增值,带动农民增产增收。

近年来,随着中国农业结构的调整,粮食作物受到了越来越多的关注。目前,对于粮食内机制的研究为某一物质对某一代谢的机制研究,如油菜素内酯对水稻淀粉的机制研究,或是粮食储藏时的机制研究,如玉米储藏过程中生理代谢与品质变化机理研究,以及对粮食代谢产物的具体代谢途径及机制研究甚少。而且,促进粮食作物的种植和单产的提高也是主要问题。比如马铃薯单产量不高;很多品种因为亲本之间存在很多近源性,其性状产量都十分相似,从而很难培育出性状更加优良的马铃薯新品种;品种抗病、耐病能力弱化,影响马铃薯的品质和产量;马铃薯品种、成熟度、淀粉结构、加工方式及食物组成对马铃薯的消化特性有显著影响。小米相对于其他粮食作物不易患重大病虫害,而且小米中的钙、膳食纤维、多酚和蛋白质含量丰富,小米中还含有大量的氨基酸,如蛋氨酸和胱氨酸,并且比大米和玉米的脂肪含量高。小米具有抗氧化剂形式的营养保健特性,可防止人体健康恶化,例如,降低血压、降低心脏病风险、预防癌症和心血管疾病、糖尿病、减少肿瘤病例等,对人体健康具有积极的影响,而且小米适应气候变化的能力较强。但是,小米很少受到研究关注。玉米是重要的粮食作物,在中国经济发展中起着至关重要的作用,而且在 2013~2015 年,臭氧污染造成的玉米年均损失约为 423.4 万吨,占平均产量的 1.9%。所以提高粮食作物产量,根据储存环境和粮食作物中的代谢产物有针对性地改善储存条件减少浪费及提高其营养品质十分重要。

1.2　代谢组学

代谢组学是对不同生物体中代谢组的综合分析,它着重分析小分子:组成代谢组的主要代谢产物和次要代谢产物,运用低分子量分析技术分析代谢产物对于获得其环境中生物的生物化学观点和表型指纹至关重要。代谢组学旨在确定代谢产物对各种应激源的反应及其与机体表型的关系,是生物体内所有小分子代谢产物的定性和定量,代谢组学分析是继基因组学和蛋白质组学之后的又一新兴的组学技术。代谢组学是对代谢组的无偏分析评估,而代谢产物/代谢谱分析则是使用一种特殊的分析方法来检测和定量一组代谢产物。

代谢组学是对其他组学方法的补充,如基因组学、转录组学和蛋白质组学:进行蛋白质组学、基因组学(尤其是比较基因组学,重点研究基因组序列与疾病的相关性)和转录组学分析,以分析各种天然和人工合成的化合物对环境生物的影响,这些结果通常可以提供特定时间点的机体反应与表型之间的相关性;另外,代谢组学反映了机体状态的实际表现,显示了各种代谢产物的概况,如氨基酸、肽、碳水化合物、脂质和核苷酸。

代谢组学工作流程可用于不同类别生物分子的靶向分析和非靶向分析。靶向代谢组学专注于监测特定的目标分析物。Dai 开发了一种新颖的针对单个叶片的空间分辨率靶向代谢组学方法,该方法基于微量样品制备和丹磺酰衍生化结合超高效液相色谱—串联质谱法。通过提供 56 种内源性代谢产物(包括 8 种儿茶素、2 种生物碱及茶氨酸、4 种茶黄素、14 种黄酮及其糖苷、21 种氨基酸和 6 种酚酸)的绝对定量叶内分布信息,证明了该方法的实用性。所提出的新方法提供了迄今为止茶中代谢产物在叶内分布的最丰富信息,将大大有助于理解茶树对生物和非生物胁迫的防御反应。Federico 提出了一种基于靶向代谢组学的方法,以鉴定存在于种子中的多酚,该多酚可用作真实性的标记,用来辨别奇亚籽、亚麻籽和芝麻籽的真伪,并且确定了不同种子中的 44 种多酚。

非靶向代谢组学旨在对检测到的代谢产物进行整体分析。Chen 对乌龙茶的整个加工过程进行了基于非靶向代谢组学的非挥发性和挥发性成分分析。观察到茶代谢组的逐步变化,其中,儿茶素和氧化产物、黄酮醇苷和氨基酸被确定为关键的可辨别代谢产物。这项研究提供了乌龙茶加工过程中与风味有关的代谢变化的综合概况,并将有助于更好地控制乌龙茶质量并改善乌龙茶的风味。Liu 对贮藏中黄化的稻米和未黄化的稻米进行了非靶向代谢组学分析。结果表明,黄化的稻米中的糖酵解途径和三羧酸循环(TCA)显著增强,表明黄化过程中激活的能量代谢被触发。此外,增加的芳香族化合物(4-羟基肉桂酸和苯甲酸)及其前体(苯丙氨酸、酪氨酸)表明,黄化稻米中草酸酯—苯基丙烷的生物合成被激活,这是与抗氧化剂防御相关的途径。而且在泛黄的水稻中,谷氨酸和精氨酸代谢的相关途径也发生了显著变化。因此,提出在发黄过程中增加氨基酸、糖、糖醇和TCA循环中间体的富集途径与发黄过程引起的热和干响应有关。Yue运用非靶向代谢组学技术,分析了上等、一级、二级和三级四种不同等级的白牡丹白茶。研究发现,与第二级或第三级白茶相比,上等和一级的代谢产物成分具有更高的相似性,总共鉴定出93种代谢产物,其中21种低丰度代谢产物显示出丰度的明显变化,这些变化与茶级变化密切相关。这些发现表明它们有潜力作为区分不同等级的白牡丹白茶的标志物;Maryse等开发了一种快速高效的方法,用于使用基于超高效液相色谱—高分辨率质谱(UHPLC-HRMS)的非靶向代谢组学对植物中的生物碱进行综合分析。使用自动化合物提取和元素组成分配,该方法可实现>83%的正确生物碱鉴定,甚至对于中至高强度峰也>90%。将开发的方法应用于植的不同部位(叶、花被和花粉)来鉴定白头乌头和纳皮草的特定生物碱。在分类学和进化学的观点下,突出并讨论了这两个物种之间生物碱谱的显著差异。综上所述,在从植物中寻找已知和未知生物碱的过程中,提出的方法构成了有价值的化学分类学工具。

这两种方法是高度互补的,用于鉴定在两个或多个条件之间丰度变化的代谢产物。在靶向代谢组学和非靶向代谢组学方法中,主要运用代谢谱和指纹图谱。代谢谱分析侧重于分析特定的一组代谢产物,而代谢指纹图谱旨在比较响应压力的代谢产物的整体模式。

1.2.1 植物代谢组学的发展

在20世纪末,药物安全评价的压力不断增大,药物在生产过程中也会产生一定的损失,所以需要一个高效、安全同时能降低损失率的方法。然而对生物生命系统的综合分析主要在基因和蛋白质两个方面,这两个方法不仅价格昂贵,而且需要大量人力,即使两种方法结合到一起,也不能提供生命系统中解释细胞功能所需的信息,因为这两种方法没有关注到生命的动态代谢。因此Nicholson教授提出了一种新的基于核磁共振的"metabonomics"方法,旨在通过测量对异生物所暴露出的基因组学和蛋白质组学的反应信息,进行进一步的增强和互补,并定义为"定量测量生命系统对病理生理刺激或遗传修饰的动态多参数代谢反应"。

2003 年,Fiehn 等认为"metabolomics"分析旨在对生物样品进行全面的表征,在实验中将植物的代谢产物与其基因功能联系在一起,之后许多学者便开始研究植物代谢组学。

1.2.2　植物代谢组学的应用

20 世纪 80 年代,Sauter 等人将代谢组学分析引入植物代谢产物的研究中,自此有了区别于植物化学的目标植物代谢产物的研究。20 世纪 90 年代后代谢组学的研究又有了重要的进步,将生物信息学手段和模式识别系统运用于代谢组学数据的分析,且相关数据库也运用到了数据分析中。1997 年 Steven oliver 等人提出了代谢组学的概念,从此代谢组学在科学界具有明确的独立领域,2000 年 Fiehn 在文章中首次使用单词 metabolomics,全面地阐述了代谢组学及分析技术在研究植物代谢产物和基因功能方面的重要价值和意义。之后代谢组学便迅速发展起来。

代谢组学被广泛地应用在各种植物或者植物产物的代谢分析中。Roessner 等对马铃薯块茎进行代谢指纹图谱分析,对 326 种代谢产物进行了定量,并定性出其中一半化合物的结构。Giansante L 等对意大利单品种的橄榄油进行了分类。Alissandrakis E 等对腊棉花蜂蜜的香味化合物进行了分析,并对蜂蜜进行产地的区分。Nicholson 曾对不同产地的拟南芥进行代谢组学分析,结果表明不同生长环境的拟南芥,其氨基酸和糖类等物质的代谢均会产生差异。Giansante L 等利用气相色谱分析了意大利 4 个不同地区橄榄油中脂肪酸组成和含量,发现不同产地的橄榄油中棕榈酸、亚油酸等含量均存在显著差异,并对不同地区橄榄油进行区分。Zhao YN 等基于 GC – MS 技术对转基因回交育种以及农药胁迫下的水稻叶片和种子进行代谢组学研究,发现在回交育种的水稻在农药作用下,叶子和种子内代谢产物会发生多种变化。Verdonk 等应用 GC – MS 技术对成熟牵牛花的挥发性芳香物质进行分析,鉴定出 6 个挥发性芳香族化合物,且对牵牛花释放香味成分的规律进行了分析。Murch 等对黄芩代谢成分进行研究,检测出 2000 个物质,定性出 781 个代谢产物,建立了黄芩优良品种的筛选模型。Aharoni 等利用代谢组学方法对番茄成熟过程中番茄红素等代谢产物的动态变化进行研究,从代谢产物的角度了解番茄的成熟机制,为加快番茄成熟速度的研究提供理论支撑。Xiong Y 等利用 LC – MS／MS 方法对食品和组织中胆碱相关化合物和磷脂物质进行了定量研究。Moco 等利用 LC – MS 对番茄进行代谢组学研究,在番茄的果肉和果皮中鉴定出一系列代谢产物,并建立了番茄代谢数据库。Fiehn

等对不同生态型的拟南芥进行代谢组学分析,并使用基于 GC - MS 建立的代谢谱将不同的生态型的拟南芥进行区分,且效果明显。Fiehn 课题组应用 GC - MS 技术对不同基因型的拟南芥进行代谢研究,并根据代谢产物轮廓对不同基因型的拟南芥进行分类。拟南芥是植物代谢组学实验研究中第一个模式作物,很多代谢组学实验中都将其定位研究对象,继拟南芥后对水稻代谢组学的研究也逐渐多起来。Yang 等使用双重质谱和核磁共振的代谢组学方法,从水稻中分离出 36 种特殊代谢产物,并对其结构进行了阐明。Dong 等利用代谢组学靶标分析方法,对水稻中的黄酮类物质进行代谢研究,发现水稻叶片中黄酮的种类和含量要远多于根、茎秆和种子等其他组织。Redestig 等发现利用代谢组学手段可以对籼稻和粳稻进行分类,氨基酸和磷脂酰胆碱的含量可以作为区分的指标,4 - 香豆酸也是水稻不同亚群中的一种标记物质。Qu 等对水稻花粉发育突变体 mads3 及其野生型的花粉利用非定向的代谢组学手段进行代谢谱差异研究,结果表明突变体中核酸类物质和氨基酸增多,胞壁的形成和激素代谢途径中的一些次生代谢产物存在着明显的差异。Angelovici R 等利用 LC - MS 技术对拟南芥种子中支链氨基酸水平的全基因组分析,发现 LC - MS 也可以对氨基酸和磷脂类物质等初生代谢产物进行研究。Matsuda 等利用代谢组数量性状基因位点来分析水稻籽粒基因型—表型的关联,定位到 802 个控制脂肪酸、氨基酸、糖类和黄酮等代谢产物的数量性状的基因位点,并找到三个染色体上控制氨基酸和脂肪酸合成的性状基因位点,同时还筛选出一些控制碳黄酮合成的候选基因,还发现这些代谢产物含量更容易受到环境因素的影响。

植物代谢组学是系统生物学的一部分,在基础生物学、作物育种、生物技术等方面都有广泛应用,随着新色谱法和质谱技术的发展,植物代谢组学研究的数量不断增加。近年来,植物代谢组学已变得非常重要,并已升级为代谢组学技术实施的活跃领域。植物的代谢产物分析是一种快速发展的技术,用于植物的表型分析和诊断分析,同时获取有关代谢产物的全面信息。

目前,国际上关于植物代谢组学的研究十分活跃,正日益成为研究的热点。美国的诺贝尔基金会、东北大学、密西根州立大学、康乃尔大学、衣阿华州立大学,英国约翰英纳斯中心、伦敦帝国大学、威尔士大学、曼彻斯特大学以及约克大学新型农产品中心,荷兰的瓦格宁根大学和莱顿大学,德国马普学会化学生态研究所和莱布尼兹生物化学研究所以及 Oliver Fiehn 小组,日本的千叶大学和庆应义塾大学以及瑞典农业大学等都开展了植物或微生物代谢组学的研究工作。随着植物细胞代谢组学的迅速发展,人们已经开始利用这一技术的成果。

Metabonomics 公司的成立就是一个典型的代表,目前在该领域处于国际领先水平,该公司拥有约 50 台质谱仪,每年大约进行超过 270 000 次的质谱分析来开展植物代谢组学方面的工作。

在我国,代谢组学作为一门新兴的学科也获得了高度的重视,军事医学科学院、中国林业科学院、中国科学院植物研究所及中国科学院大连化学物理研究所等单位的科学家在该领域也进行了卓有成效的研究。军事医学科学院彭双清、廖明阳和国家生物医学中心的颜贤忠等学者在国家 863 计划和国家自然科学基金的资助下,研究药物毒性作用的代谢组学与基因组学变化的相互关系,筛选早期毒性效应的生物标志物分子,应用于药物早期安全性评价。中国林业科学院的丘德有和中国中医研究院的黄璐琦学者在国家重大科技专项的资助下,用基因芯片和代谢组学技术研究丹参品性形成的分子机理。中国科学院大连化学物理研究所 2005 年成立“代谢组学研究中心”,由许国旺研究员任主任、英国 J. Nicholson 教授和杨胜利院士任名誉主任。该中心开展代谢组学研究中的关键分析技术和化学信息学研究。中国科学院植物研究所于 2005 年成立了“植物信号转导与代谢组学研究中心”,该研究中心将重点研究小分子化合物,特别是与植物生长发育、环境应答、抗病和抗逆回应有关的次生代谢产物、激素及多肽类化合物。

植物代谢组学通过研究植物的品种、处理条件、生长阶段等因素来找出其存在的差异代谢产物,挖掘出潜在代谢产物的价值,并对其进行解析,对农作物的性状及营养品质改良有良好的指导作用。例如,Gina B 使用气相色谱—质谱法(GC – MS)对目标代谢产物进行了分析,比较了常见的生姜(zingiber officinale rosc)的叶子和根茎的代谢成分,揭示了不同姜科植物之间的潜在标记;也可对植物的病理进行研究,包括病原微生物分析、病害诊断、病原与寄主互相作用机制、寄主抗病机制、非侵染性病害对植物影响等方面。Sade 为了了解对番茄黄叶卷曲病毒(TYLCV)的抗性,对 TYLCV 感染前后的抗性(R)和易感性(S)番茄植物的代谢组和转录组进行了综合分析,发现氨基酸和多胺、酚和吲哚代谢产物的丰度发生重大变化,并显示出植物中不同的调控途径,包括苯丙烷、色氨酸/烟酸酯和尿素/多胺途径。Li 等运用基于核磁共振的方法,结合多变量和路径分析,用于评估赤霉素、甲草胺和油菜素内酯在两个不同的成熟阶段对草莓代谢产物表达的调节作用。结果表明,无论是在相同或不同的成熟阶段施用,PGR 都对代谢产生不同的影响。此外,还发现,在相同的生长期施用这些不同的 PGR,会表现出一些相似的代谢趋势。这个发现验证了基于 NMR 的代谢组学在鉴定与 PGR 应用相关的代谢产物表达中的细微变化方面的有效性。Emmanuel 等为了研究茶树芽的生长和发育,对茶树进行了不同程度的修剪。生长素测定显示修剪样品中的吲哚－3－乙酸浓度较高。代谢组学分析在修剪的植物的芽中鉴定出80种不同的代谢产物,其中吲哚－3－乙腈和甲萘醌是所有修剪水平上的常见代谢产物。蛋白质与蛋白质相互作用分析表明,代谢产物参与了植物生长素的生物合成。代谢产物丰富了主要的代谢途径,如色氨酸代谢、维生素的消化和吸收、泛醌和其他萜类醌的生物合成以及氨基酸的生物合成。在修剪植物中,涉及植物生长素信号传导和甲萘醌合成的基因被上调。这项研究是首次报道植物中甲萘醌的合成。这项研究得出的结论是,修剪芽的过程中通过色氨酸代谢和其他代谢途径的综合作用合成吲哚－3－乙腈和甲萘醌,接着通过调节吲哚－3－乙酸来增强芽的生长和发育。这项研究有助于了解芽生长和发育的分子机制。

植物可以产生各种各样的代谢产物,这些代谢产物可以大致分为两种类型:主要代谢产物和次要代谢产物,初级代谢产物是维持植物生物活性和生长所必需的,次级代谢产物更多地参与环境响应,如植物虫害和胁迫抗性。Richter 使用了气相色谱—质谱分析方法,分析了玉米在 5 种不同浓度的盐胁迫的条件下代谢产物的水平,通过比较盐敏感型和耐盐型玉米杂交种,识别出葡萄糖、果糖和蔗糖等糖类在叶片中的积累提高了耐盐适应性,而且盐胁迫下根系代谢的变化几乎可以忽略不计。Isabel 发现洪水胁迫强烈影响大豆植物的初级代谢和次级代谢,大多数被改变的化合物都参与碳和氮的代谢以及苯丙烷途径,在根和叶之间以及耐旱和对洪灾敏感的品种之间观察到不同的响应。植物在非生物胁迫下会发生一系列的代谢变化,包括抗氧化酶保护系统的启动,渗透保护剂的积累,相关代谢途径的激活等,这些变化改变了植物细胞和组织中的许多代谢途径,并且通过改变大量的代谢产物以重建代谢平衡。

植物代谢组学特别重要,因为与微生物和动物相比,植物具有巨大的化学多样性。据估计,来自植物界的代谢产物数量约为 20 万甚至更多,甚至单种植物,如拟南芥也可能产生约 5000 种代谢产物,这些数量明显大于微生物和动物的数量,而且植物代谢产物在种内及其生理功能上都是极为多样化的。

1.3　代谢组学技术手段

1.3.1　代谢组学分析仪器

在采样和代谢产物提取之后,有几种方法可用于代谢产物分析,包括核磁共振（NMR）光谱法、质谱（MS）、库仑分析、傅里叶变换—红外光谱（FT – IR）等和专用安培法或荧光法。尽管早在 1930 年代就为 NMR 奠定了物理基础，但 1988 年才首次报道了 NMR 光谱法用于植物细胞代谢产物谱分析。虽然 NMR 仍然是从头进行结构阐明的金标准，但灵敏度低，在大规模分析中的应用受到限制，而气相色谱的优势主要是有很高的分离度，而且分析速度快，液相色谱则不受样品挥发性的限制。

代谢组学最常用的分析技术是 MS，因为它具有高灵敏度，低检测限，适用于高通量分析和多种应用功能等特点。基于 MS 的代谢组学方法可监测样品中所有可电离分子的质荷比（m/z），提供样品之间的相对代谢产物水平以及使用标准品或标准品的绝对定量来参考其他化合物，如替代物。而且，MS 是一种不同于 NMR 的需要破坏样品的技术。

为了增强分析能力，通常将前端分离技术［如气相色谱（GC），液相色谱（LC），超高效液相色谱（UPLC）和毛细管电泳（CE）］与 MS 结合使用，如色谱质谱联用（LC/GC – MS）、毛细管电泳质谱联用（CE – MS）。其中 GC – MS 是代谢组学研究中使用最早的分析技术之一，相对比较成熟，GC – MS 分析代谢产物的历史可以追溯到 1970 年代，而 LC – MS 分析则始于 1990 年代。在基于 MS／MS 光谱标签的非目标分析批注中，所有的代谢产物峰均准确地记录下来，但许多峰在其代表的化学结构方面仍未被鉴定。

气相色谱—质谱法可以说是迄今为止植物代谢组学研究中使用最广泛的技术。极性代谢产物被衍生化使其具有挥发性，然后通过 GC 分离，电子碰撞（EI）可使 GC 与 MS 牢固连接，从而产生高度可重复的碎片图谱。对于检测而言，飞行时间（TOF）– MS 已成为首选方法，因为它具有以下优点：扫描时间短，对于复杂的混合物可以提高解卷积或减少运行时间，并具有较高的质量准确性。该技术的一个关键优势是它长期以来一直用于代谢产物分析，因此具有用于仪器设置和维护以及色谱图评估和解释的可靠方案。由于具有较高的色谱分离度、可重现的保留时间和易于操作的特点，GC – MS 优于 LC – MS，而且与其他技术相比，GC – MS 方法不需要太多的维护。GC – MS 有助于鉴定和定量植物样品中的数百种代谢产物，包括糖、糖醇、氨基酸、有机酸和多胺，从而全面覆盖了主要代谢产物的主要代谢途径。目前标准化合物的保留时间和质谱数据可以在实验室之间进行共享，这种方法可以很容易地用于（物种间的）转译研究，其方法要比 LC – MS 容易得多。如由于麻黄（麻黄的茎）和麻黄根（麻黄的根）在治疗效果上有很大差异，因此 LV 等采用基于气相色谱—质谱（GC – MS）的植物代谢组学来比较两者中的挥发性物质,还比较了两者挥发油的抗氧化活性。根据正交偏最小二乘判别分析的投影(VIP)值(OPLS – DA)和 Mann – Whitney 检验的 P 值,确定了 32 种差异化学标记。其中,定量了川芎嗪(TMP)和 α – 萜品醇的化学标记。与麻黄根相比,大多数麻黄样品中川芎嗪和 α – 萜品醇的含量高得多。抗氧化活性测定表明,麻黄具有比麻黄根更高的清除自由基的活性。尽管两者来源于同一药用植物,但它们的挥发油成分差异很大。麻黄样品中 TMP 和 α – 萜品醇的两个的药理学化学标记物的含量明显较高,这解释了它们具有不同的抗氧化活性的原因。

1.3.2 KEGG 数据库

KEGG 数据库,全称为京都市基因与基因组百科全书,是 1995 年在京都大学发起的新的生物信息学项目。KEGG 途径数据库由两部分组成:代谢途径部分和调节途径部分。KEGG 可以展现现有的完整基因组重建生物体特异性途径,而且包含酶的名称、反应方案、涉及的化合物以及与分子和生物学信息的其他链接。

在进化过程中,新基因通常来自事先存在的基因,新基因的功能从先前基因的功能进化而来。新基因的原材料来自基因组区域的重复,这种重复可包括一个或多个基因。“直系同源基因”是不同物种中的基因,其起源于这些物种的最后共同祖先中的单个基因,这样的基因在当今的生物中经常保留相同的生物学作用。由于基因重复通常与功能差异的过程有关,因此可以推断相关基因的功能。实际上,许多常见的研究过程都依赖于正确的拼写预测,例如,在模型生物中找到与人类疾病基因相对应的基因,使用直系同源基因的可用实验方法推断新测序基因的功能,通过追踪同源基因推断物种系统发育、直系同源群体的进化,或根据其编码基因对新测序的基因组进行表征。新的基因功能可由在单个物种的基因组中发生的重复引起的。人类基因组的测序是我们这个时代生物学和医学领域最重要的里程碑之一,现已完成。现在,许多科学家正在寻找人类基因组与其他物种共有哪些基因。一个特别重要的问题是人类基因组中的哪些基因与简单生物中的基因具有完全相同的生物学功能。而且最近的证据表明,DNA 修复途径在植物界和动物界之间具有高度的进化保守性。有证据表明,人类细胞中的 ATR 和 ATM 蛋白激酶是两种重要的修复因子,在不同类型的 DNA 损伤中使底物磷酸化。有趣的是,拟南芥细胞也有类似的 ATR 和 ATM 同源物。

植物的生物合成产生的化合物被称为次生代谢产物,对于植物的生长、发育或繁殖而言并不一定是必需的,但对人类的日常生活至关重要。例如,玫瑰、香草和八角茴香提取物用于香水和药品。然而,由于化合物在植物中或植物本身中的稀有性,这些植物特异性的次生代谢产物通常是昂贵的。这些化合物中的一些是工业生产的,但最直接的方法是从植物中直接提取。然而,由于植物的次生代谢产物具有复杂的结构和不同的分子大小,因此有机合成并非总是容易实现的。虽然微生物发酵能够安全有效地产生目标化合物,但是具有这种功能的微生物不容易被发现,所以需要找出植物代谢中相关酶的基因来表达需要的目标物。

　　在 KEGG 数据库中不仅可以找出代谢产物的代谢途径,也可查询出代谢过程中相关的酶及其直系同源基因。

参考文献

[1] ZHU H, JACKSON P, WANG W. Consumer anxieties about food grain safety in China[J]. Food Control, 2017, 73: 1256 - 1264.

[2] YANG Q, ZHANG W, LUO Y, et al. Comparison of structural and physicochemical properties of starches from five coarse grains[J]. Food Chem, 2019, 288: 283 - 290.

[3] 潘大海, 姜峰, 刘伟卓. 浅谈黑龙江省粮食生产能力及保障措施[J]. 现代农业研究, 2018(5): 11 - 13.

[4] 刘静北. 黑龙江省推进马铃薯主食化战略进程中政府职能研究[D]. 东北农业大学, 2019.

[5] SANCHEZ P D C, HASHIM N, SHAMSUDIN R, et al. Applications of imaging and spectroscopy techniques for non - destructive quality evaluation of potatoes and sweet potatoes: A review[J]. Trends in Food Science & Technology, 2020, 96: 208 - 221.

[6] 蒋晨晨, 胡继连. 马铃薯主粮化战略研究: 一个综述[J]. 山东农业大学学报(社会科学版), 2015, 17(2): 52 - 58.

[7] 王金秋, 武舜臣. 马铃薯主粮化战略的动力、障碍与前景[J]. 农业经济, 2018(4): 17 - 19.

[8] 侯飞娜, 木泰华, 孙红男, 等. 马铃薯全粉品质特性的主成分分析与综合评价[J]. 核农学报, 2015, 29(11): 2130 - 2140.

[9] LATA C, GUPTA S, PRASAD M. Foxtail millet: a model crop for genetic and

genomic studies in bioenergy grasses[J]. Critical Reviews in Biotechnology, 33 (3): 328 - 343.

[10] MUTHAMILARASAN M, PRASAD M. Advances in Setaria genomics for genetic impro - vement of cereals and bioenergy grasses[J]. Theoretical & Applied Genetics, 2015, 128(1): 1 - 14.

[11] BENNETZEN J L, SCHMUTZ J, WANG H, et al. Reference genome sequence of the model plant Setaria [J]. Nature Biotechnology, 2012, 30 (6): 555 - 561.

[12] CHEN S , CHEN X , XU J . Impacts of climate change on agriculture: Evidence from China [J]. Journal of Environmental Economics and Management, 2016, 7: 105 - 124.

[13] HUFFORD M B, XU X, VAN HEERWAARDEN J, et al. Comparative population genomics of maize domestication and improvement[J]. Nature Genetics, 2012, 44(7): 808 - 811.

[14] 李钱峰, 余佳雯, 鲁军, 等. 水稻萌发过程中油菜素内酯影响淀粉代谢的效应及其机制[J]. 江苏农业科学, 2018, 046(4):60 - 64.

[15] 曹俊, 刘欣, 陈文若, 等. 玉米储藏过程中生理代谢与品质变化机理研究进展[J]. 食品工业科技, 2016, 37(3):379 - 383,388.

[16] 胡宏海, 张泓, 戴小枫. 马铃薯营养与健康功能研究现状[J]. 生物产业技术, 2017(4).

[17] BHAT S, NANDINI C, TIPPESWAMY V, et al. Significance of small millets in nutrition and health - A review[J]. Asian Journal of Dairy and Food Research, 2018, 37(1).

[18] KUMAR A, TOMER V, KAUR A, et al. Millets: a solution to agrarian and nutritional challenges[J]. Agriculture & Food Security, 2018, 7(1): 31.

[19] MUTHAMILARASAN M, DHAKA A, YADAV R, et al. Exploration of millet models for developing nutrient rich graminaceous crops[J]. Plant Science An International Journal of Experimental Plant Biology, 2015, 242: 89 - 97.

[20] GONG X, FERDINAND U, DANG K, et al. Boosting proso millet yield by altering canopy light distribution in proso millet/mung bean intercropping systems[J]. The Crop Journal, 2019.

[21] YI F J, FENG J A, WANG Y J, et al. Influence of surface ozone on crop yield of

maize in China[J]. Journal of Integrative Agriculture, 2020, 19(2): 578 – 589.

[22] FENG Z, DING C, LI W, et al. Applications of metabolomics in the research of soybean plant under abiotic stress[J]. Food Chem, 2020, 310: 125914.

[23] GRIFFIT W, KARU K, HORNSHAW M, et al. Metabolomics and metabolite profiling: past heroes and future developments[J]. European Journal of Mass Spectrometry, 2007, 13(1): 45.

[24] 侯璐文, 吴长新, 秦雪梅, 等. 肠道微生物功能宏基因组学与代谢组学关联分析方法研究进展[J]. 微生物学报, 2019, 59(9): 1813 – 1822.

[25] 徐高骁. 基于卵巢全转录组学和代谢组学筛选影响猪产仔数性状的候选基因、非编码 RNA 及 miR – 183 – circTCP1 轴的功能验证[D]. 西北农林科技大学, 2019.

[26] 陈人豪. 基于代谢组学与转录组学结合的方法研究刺五加治疗脑缺血再灌注损伤的作用机制[D]. 江西中医药大学, 2019.

[27] 姬舒云. 基于转录组学和代谢组学研究苏氨酸水平对肉鸡肠道的影响[D]. 西北农林科技大学, 2019.

[28] 刘锋. 不同种重楼间的差异蛋白质组学和代谢组学研究[D]. 军事科学院, 2019.

[29] 禹伟, 高教琪, 周雍进. 蛋白质组学和代谢组学在微生物代谢工程中的应用[J]. 色谱, 2019, 37(8): 798 – 805.

[30] 潘琳. 利用比较蛋白质组学与代谢组学研究 Lactobacillus casei Zhang 在葡萄糖限制性环境中的生长代谢规律[D]. 内蒙古农业大学, 2019.

[31] MAHMOUD G, JEONG – JIN P, OMAR H F, et al. Identification of regulatory network hubs that control lipid metabolism in Chlamydomonas reinhardtii[J]. Journal of Experimental Botany, 2015, (15): 15.

[32] HUANG A, SANG Y, SUN W, et al. Transcriptomic Analysis of Responses to Imbalanced Carbon: Nitrogen Availabilities in Rice Seedlings[J], 2016, 11 (11): e0165732.

[33] JAEGER D, WINKLER A, MUSSGNUG J H, et al. Time – resolved transcriptome analysis and lipid pathway reconstruction of the oleaginous green microalga Monoraphidium neglectum reveal a model for triacylglycerol and lipid hyperaccumulation[J]. Biotechnology for Biofuels, 2017, 10(1): 197.

[34] JUERGENS M T, DESHPANDE R R, LUCKER B F, et al. The Regulation of

Photosynthetic Structure and Function during Nitrogen Deprivation in Chlamydomonas reinhardtii[J]. Plant Physiology, 2015, 167(2):558 –573.

[35]GARCÍA M J, ROMERA F J, LUCENA C, et al. Ethylene and the Regulation of Physiological and Morphological Responses to Nutrient Deficiencies[J]. Plant Physiology, 2015, 169(1): 51 –60.

[36]ROBERTS, LEE D, SOUZA, et al. Targeted metabolomics[J], 2012.

[37]DAI W, HU Z, XIE D, et al. A novel spatial – resolution targeted metabolomics method in a single leaf of the tea plant (Camellia sinensis)[J]. Food Chem, 2020, 311:126007.

[38]BRIGANTE F I, LUCINI MAS A, PIGNI N B, et al. Targeted metabolomics to assess the authenticity of bakery products containing chia, sesame and flax seeds [J]. Food Chemistry, 2020, 312.

[39]CHEN S, LIU H, ZHAO X, et al. Non – targeted metabolomics analysis reveals dynamic changes of volatile and non – volatile metabolites during oolong tea manufacture[J]. Food Res Int, 2020, 128:108778.

[40]LIU Y, LIU J, LIU M, et al. Comparative non – targeted metabolomic analysis reveals insights into the mechanism of rice yellowing[J]. Food Chem, 2020, 308:125621.

[41] YUE W, SUN W, RAO R S P, et al. Non – targeted metabolomics reveals distinct chemical compositions among different grades of Bai Mudan white tea [J]. Food Chem, 2019, 277:289 –297.

[42]MARYSE V, GLAUSER GAÉTAN. Integration of non – targeted metabolomics and automated determination of elemental compositions for comprehensive alkaloid profiling in plants[J]. Phytochemistry, 2018, 154:1 –9.

[43] ARNALD A, SARA M, ANTONIO J. Analytical methods in untargeted metabolomics: state of the art in 2015 [J]. Frontiers in Bioengineering and Biotechnology, 2015, 3(23):23.

[44]NICHOLSON J K, LINDON J C, Holmes E. Metabonomics: understanding the metabolic responses of living systems to pathophysiological stimuli via multivariate statistical analysis of biological NMR spectroscopic data [J]. Xenobiotica: the fate of foreign compounds in biological systems, 1999, 29 (11).

［45］FIEHN O. Metabolic networks of Cucurbita maxima phloem［J］. Phytochemistry，2003，62(6)：875 - 886.

［46］王文升. 水稻代谢组学的生物信息学分析及遗传基础的研究［D］. 华中农业大学，2017.

［47］焦阳. 野大豆(glycine soja Sieb. et Zucc.)幼苗根系生理及代谢组学研究［D］. 东北师范大学，2019.

［48］刘健伟，方寒寒，马立峰，等. 不同氮肥水平下春季茶树新梢代谢组学变化［J］. 浙江农业科学，2019，60(2)：189 - 192.

［49］王丽娜. 基于 UPLC - QTOF/MS 方法的小麦发芽过程的代谢产物分析［D］. 中国农业科学院，2019.

［50］PUTRI S P，YAMAMOTO S，TSUGAWA H，et al. Current metabolomics：Technological advances［J］. Journal of Bioscience & Bioengineering，2013，116(1).

［51］PARIDA A. Advancement of Metabolomics Techniques and Their Applications in Plant Science：Current Scenario and Future Prospective［J］，2018：1 - 36.

［52］DI OTTAVIO F，GAUGLITZ J M，ERNST M，et al. A UHPLC - HRMS based metabolomics and chemoinformatics approach to chemically distinguish ' super foods' from a variety of plant - based foods［J］. Food Chem，2020，313：126071.

［53］李鑫磊，俞晓敏，龚智宏，等. 绿茶、红茶、乌龙茶和白茶中主要代谢产物的差异［J］. 福建农林大学学报(自然科学版)，2019，48(5)：559 - 566.

［54］向星亮. 基于靶标性代谢组学技术姜黄发酵前后姜黄素类成分的差异性研究［D］. 湖北中医药大学，2019.

［55］周俊怡，林雨，罗琼，等. 基于非靶向代谢组学分析手工与机器煎药对八珍汤中化学成分的影响［J］. 中国实验方剂学杂志，2019，25(17)：7 - 13.

［56］秦伟瀚，阳勇，李卿，等. 基于植物代谢组学方法的马钱子油炸炮制前后化学差异研究［J］. 天然产物研究与开发，2019，31(2)：240 - 249.

［57］王曦. 黄芪种子萌发及后萌发时期的代谢变化分析［D］. 东北林业大学，2016.

［58］李瑞姿. 基于不同栽培阶段金线莲的代谢组学分析［D］. 福建农林大学，2018.

［59］TIEMAN D ，BLISS P ，MCINTYRE L ，et al. The Chemical Interactions Underlying Tomato Flavor Preferences［J］. Current Biology，2012，22(11).

［60］MARTIN C, BUTELLI E, PETRONI K, et al. How Can Research on Plants Contribute to Promoting Human Health［J］. The Plant cell, 2011, 23（5）: 1685 – 1699.

［61］MARTIN, CATHIE. The interface between plant metabolic engineering and human health［J］. Current Opinion in Biotechnology, 2013, 24（2）:344 – 353.

［62］FOITO, ALEXANDRE, STEWART, et al. Metabolomics: A High – throughput Screen for Biochemical and Bioactivity Diversity in Plants and Crops［J］. Current Pharmaceutical Design, 2018.

［63］BARBOSA G B, JAYASINGHE N S, NATERA S H A, et al. From common to rare Zingiberaceae plants – A metabolomics study using GC – MS［J］. Phytochemistry, 2017, 140: 141 – 150.

［64］胡文进. 玉米与纹枯病菌 AG – 1 – IA 互作的代谢组学研究［D］. 华中农业大学, 2017.

［65］魏玲玲, 旺姆, 曾兴权. 代谢组学解析西藏青稞白粉病分子机制［J］. 高原农业, 2019, 3(5): 493 – 499.

［66］张凡忠. 稻瘟病菌自噬基因缺失对菌体及其寄主代谢的影响及差异代谢产物筛选［D］. 浙江大学, 2016.

［67］张小娟. 基于代谢组学技术的铜钱树砧对枣疯病的抗性机理研究［D］. 安徽农业大学, 2013.

［68］刘鹏飞, 胡志宏, 代探, 等. 代谢组学—植物病理学研究有力的生物分析工具［J］. 植物病理学报, 2018 (4): 433 – 444.

［69］SADE D, SHRIKI O, CUADROS – INOSTROZA A, et al. Comparative metabolomics and transcriptomics of plant response toTomato yellow leaf curl virusinfection in resistant and susceptible tomato cultivars［J］. Metabolomics, 2015, 11(1): 81 – 97.

［70］LI A, JINGWEI M, HONG W, et al. NMR – based global metabolomics approach to decipher the metabolic effects of three plant growth regulators on strawberry maturation［J］. Food Chemistry, 2018, 269: 559 – 566.

［71］ARKORFUL E, YU Y, CHEN C, et al. Untargeted metabolomic analysis using UPL C – MS/MS identifies metabolites involved in shoot growth and development in pruned tea plants ［Camellia sinensis (L.) O. Kuntz］［J］. Scientia Horticulturae, 2020, 264.

[72]KOCH K. Sucrose metabolism: regulatory mechanisms and pivotal roles in sugar sensing and plant development[J], 2004, 7(3): 235 - 246.

[73]周耀东. 水稻 osaba8ox3 突变体对褐飞虱抗性及脱落酸处理水稻代谢组学研究[D]. 扬州大学, 2019.

[74]田培, 李晓辉, 贺文俊, 等. 南方根结线虫侵染烟草抗感品种前后的代谢组学分析[J]. 中国烟草学报, 2019, 25(4): 81 - 92.

[75]CARRENO - QUINTERO N, BOUWMEESTER H J, KEURENTJES J J B. Genetic analysis of metabolome - phenotype interactions: from model to crop species[J]. Trends in Genetics Tig, 2013, 29(1): 41 - 50.

[76]NAKABAYASHI R, YONEKURA - SAKAKIBARA K, URANO K, et al. Enhancement of oxidative and drought tolerance in Arabidopsis by overaccumulation of antioxidant flavonoids[J]. Plant Journal, 2014, 77(3): 367 - 379.

[77]徐洪雨, 李向林. 控水处理对紫花苜蓿抗寒性影响的代谢组学分析[J]. 草业学报, 2020, 29(1): 106 - 116.

[78]RICHTER J A, ERBAN A, KOPKA J, et al. Metabolic contribution to salt stress in two maize hybrids with contrasting resistance[J]. Plant Science An International Journal of Experimental Plant Biology, 233: 107 - 115.

[79]ISABEL D C, LILIANE M M H, SILAS A D, et al. Flooded soybean metabolomic analysis reveals important primary and secondary metabolites involved in the hypoxia stress response and tolerance[J]. Environmental and Experimental Botany, 2018, 153.

[80]DIXON R A, STRACK D. Phytochemistry meets genome analysis, and beyond [J]. Phytochemistry, 2003, 62(6): 815 - 816.

[81]TRETHEWEY R N. Metabolite profiling as an aid to metabolic engineering in plants[J], 2004, 7(2): 196 - 201.

[82]BINO R J, HALL R D, FIEHN O, et al. Potential of metabolomics as a functional genomics tool[J], 2004, 9(9): 0 - 425.

[83]ROEPENACK - LAHAYE V, E. Profiling of Arabidopsis Secondary Metabolites by Capillary Liquid Chromatography Coupled to Electrospray Ionization Quadrupole Time - of - Flight Mass Spectrometry[J]. Plant Physiology, 2004, 134(2): 548 - 559.

[84]FACCHINI P J, BIRD D A, ST - PIERRE B. Can Arabidopsis make complex alkaloids？ [J]. Trends in Plant Science, 2004, 9(3)：0 -122.

[85]KIM H K, VERPOORTE R. Sample Preparation for Plant Metabolomics[J]. Phytochemical Analysis, 2010, 21(1)：4 -13.

[86]夏建飞，梁琼麟，胡坪，等. 代谢组学研究策略与方法的新进展[J]. 分析化学, 2009, (1)：141 -148.

[87]RUBAKHIN S S, ROMANOVA E V, NEMES P, et al. Profiling metabolites and peptides in single cells[J], 2011, 8(4)：0 -0.

[88]SCHRIPSEMA J, ERKELENS C, VERPOORTE R. Intra - and extracellular carbohydrates in plant cell cultures investigated by 1 H - NMR[J], 1991, 9(9)：527.

[89]DETTMER K, ARONOV P A, HAMMOCK B D. Mass spectrometry - based metabolomics[J], 2007, 26(1)：51 -78.

[90]INA A, DAVID M. Advantages and Pitfalls of Mass Spectrometry Based Metabolome Profiling in Systems Biology[J]. International Journal of Molecular Sciences, 2016, 17(5)：632.

[91]VIANT M R, SOMMER U. Mass spectrometry based environmental metabolomics：a primer and review[J]. Metabolomics, 2013, 9(1)：144 -158.

[92]DOUGHERTY R C. Mass spectrometry principles and applications[J]. Applied Spectroscopy, 1997, 51(11)：428.

[93]OBATA T, FERNIE A. The use of metabolomics to dissect plant responses to abiotic stresses[J]. Cellular & Molecular Life Sciences, 2012, 69(19)：3225 -3243.

[94]FERNIE A R, TRETHEWEY R N, KROTZKY A J, et al. Metabolite profiling：from diagnostics to systems biology. [J]. Nat Rev Mol Cell Biol, 2004, 5(9)：763 -769.

[95]LISEC J, SCHAUER N, KOPKA J, et al. Gas chromatography mass spectrometry - based metabolite profiling in plants[J]. Nature Protocols, 2006, 1(1)：38 7 -396.

[96]HALKET J M, DANIEL W, PRZYBOROWSKA A M, et al. Chemical derivatization and mass spectral libraries in metabolic profiling by GC/MS and LC/MS/MS[J]. Journal of Experimental Botany, 2004, (410)：410.

［97］ERYN, K, MATICH, et al. Applications of metabolomics in assessing ecological effects of emerging contaminants and pollutants on plants. ［J］. Journal of HazardousMaterials, 2019.

［98］SCHAUER N, STEINHAUSER D, STRELKOV S, et al. GC－MS libraries for the rapid identification of metabolites in complex biological samples［J］. FEBS Lett, 2005, 579(6): 1332－7.

［99］TAKAYUKI T. From models to crop species: caveats and solutions for translational metabolomics［J］. Frontiers in Plant Science, 2011, 2.

［100］LV M－Y, SUN J－B, WANG M, et al. Comparative analysis of volatile oils in the stems and roots of Ephedra sinica via GC－MS－based plant metabolomics［J］. Chinese Journal of Natural Medicines, 2016, 14(2): 133－140.

［101］KANEHISA M. A database for post－genome analysis. ［J］. Trends in Genetics, 1997, 13(9):375－376.

［102］GOTO S, NISHIOKA T, KANEHISA M. LIGAND: chemical database for enzyme reactions［J］. Bioinformatics, 1998, 14(7): 591－599.

［103］GABALDÓN T, DESSIMOZ C, HUXLEY－JONES J, et al. Joining forces in the quest for orthologs［J］, 2009, 10(9): 403.

［104］SONNHAMMER E L L, KOONIN E V. Orthology, paralogy and proposed classification for paralog subtypes［J］. Trends in Genetics, 2003, 18(12): 619－620.

［105］REMM M, STORM C E V, SONNHAMMER E L L. Automatic clustering of orthologs and in－paralogs from pairwise species comparisons［J］. Journal of Molecular Biology, 2001, 314(5):0－1052.

［106］NIKITAKI Z, HOLA M, DONA M, et al. Integrating plant and animal biology for the search of novel DNA damage biomarkers［J］. Mutat Res, 2018, 775: 21－38.

［107］HARPER J W, ELLEDGE S J. The DNA damage response: ten years after ［J］. Mol Cell, 2007, 28(5): 739－45.

［108］SHILOH Y, ZIV Y. The ATM protein kinase: regulating the cellular response to genotoxic stress, and more［J］. Nature Reviews Molecular Cell Biology, 2013, 14(4): 197－210.

［109］CULLIGAN K M, ROBERTSON C E, FOREMAN J, et al. ATR and ATM play both distinct and additive roles in response to ionizing radiation［J］. Plant Journal, 2006, 48(6): 947 –961.

［110］BOURGAUD F, GRAVOT A, MILESI S, et al. Production of plant secondary metabolites: a historical perspective［J］. Plant Science, 2001, 161(5):0 –851.

［111］SRIVASTAVA S, SRIVASTAVA A K. Hairy Root Culture for Mass – Production of Hig h – Value Secondary Metabolites［J］. Critical Reviews in Biotechnology, 2007, 27(1): 29 –43.

［112］CHANG M C Y, KEASLING J D. Production of isoprenoid pharmaceuticals by engineered microbes［J］, 2006, 2(12): 674 –681.

［113］LEE S Y, KIM H U. Systems strategies for developing industrial microbial strains［J］. Nature Biotechnology, 2015, 33(10): 1061 –1072.

［114］PERALTA – YAHYA P P, ZHANG F, CARDAYRE S B D, et al. Microbial engineering for the production of advanced biof uels［J］. Nature, 2012, 488 (7411): 320 –328.

［115］穆秋霞, 崔素萍, 张卓敏, 等. 黑龙江主栽小米品种品质特性及其相关性分析［J］. 中国粮油学报, 2019, 34(7): 26 –32,67.

［116］JIAO Y, BAI Z, XU J, et al. Metabolomics and its physiological regulation process reveal the salt – tolerant mechanism in glycine soja seedling roots［J］. Plant Physiology and Biochemistry, 2018, 126.

［117］OIKAWA A, MATSUDA F, KUSANO M, et al. Rice Metabolomics［J］, 2008, 1(1): 63 –71.

［118］冯玉超. 基于 GC – MS 技术的黑龙江省主产区水稻(Oryza sativa L.)代谢组学分析［D］. 黑龙江八一农垦大学, 2019.

［119］KOGEL K H, VOLL L M, SCHÄFER P, et al. Transcriptome and metabolome profiling of field – grown transgenic barley lack induced differences but show cultivar – specific variances［J］. Proc Natl Acad Sci U S A, 2010, 107(14): 6198 –6203.

［120］王守创. 番茄育种过程中代谢组的变化及遗传基础研究［D］. 华中农业大学, 2018.

［121］MISRA B B, ASSMANN S M, CHEN S. Plant single – cell and single – cell – type metabolomics［J］. Trends in Plant Science, 2014, 19(10): 637 –646.

［122］卢星星，梅勇，宋世震，等. 顶空—气相色谱法测定废水中的正丁醇［J］. 中国卫生检验杂志，2014，(9)：1238 - 1239.

［123］RODZRI N A M，ZAIN W S W M，HANAPIAH R M A，et al. Effect of Physical Parameters on Production of D - Xylonic Acid using Recombinant E. coli BL21（DE3）［J］. Materials Today：Proceedings，2019，19：1247 - 1254.

［124］URI C，JUHÁSZ Z，POLGÁR Z，et al. A GC - MS - based metabolomics study on the tubers of commercial potato cultivars upon storage［J］. Food Chemistry，2014，159：287 - 292.

［125］DOBSON G，SHEPHERD T，VERRALL S R，et al. Phytochemical Diversity in Tubers of Potato Cultivars and Landraces Using a GC - MS Metabolomics Approach［J］. Journal of Agricultural & Food Chemistry，2008，56（21）：10280 - 10291.

［126］SHEN X，WANG J，ZHANG Y，et al. ［Research progress of D - psicose：function and its biosynthesis］［J］. Sheng Wu Gong Cheng Xue Bao，2018，34（9）：1419 - 1431.

［127］谢勇平，郑新宇，林丹丽，等. 高效液相色谱法同时分离测定包菜中 4 种植物生长素［J］. 新疆农业大学学报，2010，(5)：41 - 43.

［128］张翠英，肖冬光，韩宁宁，等. 木糖发酵高产 2,3 - 丁二醇菌株的选育［J］. 食品研究与开发，2011 (9)：176 - 178.

［129］毛伟春，童国通. 1,2 - 苯二硫酚的合成工艺改进［J］. 精细化工中间体，2010，40(6)：43 - 44,55.

［130］曲一泓. 甲基苯丙胺对大鼠心室肌细胞凋亡及钙离子通道蛋白表达的影响［D］. 南方医科大学，2014.

［131］SWALWELL C I，DAVIS G G. Methamphetamine as a Risk Factor for Acute Aortic Dissection［J］. Journal of Forensic Sciences，1999，44(1)：23 - 26.

［132］JAYAMANI J，SHANMUGAM G. Gallic acid，one of the components in many plant tissues，is a potential inhibitor for insulin amyloid fibril formation［J］. European Journal of Medicinal Chemistry，2014，85：352 - 358.

［133］李文君，王成章. 微生物降解没食子酸生产焦性没食子酸的研究进展［J］. 中国实验方剂学杂志，2015，21(3)：226 - 231.

［134］ONAKPOYA I J，POSADZKI P P，WATSON L K，et al. The efficacy of long - term conjugated linoleic acid（CLA）supplementation on body composition in overweight and obese individuals: a systematic review and meta – analysis of randomized clinical trials[J]. European Journal of Nutrition, 2012, 51(2): 127 – 134.

[135] JOSEPH S V, MILLER J R, MCLEOD R S, et al. Effect oftrans8, cis10 + cis9, trans11 Conjugated Linoleic Acid Mixture on Lipid Metabolism in 3T3 – L1 Cells[J], 2009, 44(7): 613 – 620.

[136] 金磊, 王立志. 共轭亚油酸的抗炎机制和对炎症疾病调节研究进展[J]. 农业科学研究, 2018(4): 58 – 63.

[137] 夏珺, 郑明月, 李灵杰, 等. 共轭亚油酸改善肥胖糖尿病小鼠的糖脂代谢 [J]. 南方医科大学学报, 2019(6): 740 – 746.

[138] STROH R, GERBER H. Cyansäureester sterisch gehinderter Phenole[J]. Angewandte Chemie, 2006, 72(24): 1000 – 1000.

[139] 陈新民. 试谈菜籽油和菜籽饼粕的品质[J]. 郑州粮食学院学报, 1982, (3): 61 – 67.

[140] GUILLOTON M, KARST F. Cyanate Specifically Inhibits Arginine Biosynthesis in Escherichia coli K12: a Case of By – product Inhibition[J]. J Gen Microbiol, 1987, 133(3): 655 – 665.

[141] LAWRIE A C. Effect of carbamoyl phosphate on nitrogenase in Anabaena cylindrica Lemm[J]. Journal of Bacteriology, 1979, 139(1): 115 – 119.

[142] HOLDEN H M, THODEN J B, RAUSHEL F M. Carbamoyl phosphate synthetase: An amazing biochemical odyssey from substrate to product[J]. Cellular & Molecular Life Sciences Cmls, 1999, 56(5 – 6): 507 – 522.

[143] A PIÉRARD, GLANSDORFF N, GIGOT D, et al. Repression of Escherichia coli carbamoylphosphate synthase: relationships with enzyme synthesis in the arginine and pyrimidine pathways. [J]. Journal of Bacteriology, 1976, 127(1): 291 – 301.

[144] POULTON J E. Cyanogenesis in Plants[J]. Plant Physiology, 1990, 94(2): 401 – 405.

[145] GUPTA N, BALOMAJUMDER C, AGARWAL V K. Enzymatic mechanism and biochemistry for cyanide degradation: A review[J]. Journal of Hazardous Materials, 2010, 176(1 – 3): 1 – 13.

[146] JOHNSON W V, ANDERSON P M. Bicarbonate is a recycling substrate

forcyanase［J］. Journal of Biological Chemistry, 1987, 262 (19): 9021 -9025.

［147］杨其义. 木糖醇生产菌株的筛选及工艺优化［D］. 齐鲁工业大学, 2013.

［148］CHEN R, XU Y, WU P, et al. Transplantation of fecal microbiota rich in short chain fatty acids and butyric acid treat cerebral ischemic stroke by regulating gut microbiota［J］. Pharmacol Res, 2019, 148: 104403.

［149］刘嵘明. 微生物发酵生产丁二酸研究进展［J］. 生物工程学报, 2013, 29 (10): 1386 -1397.

［150］GUO X, FU H, FENG J, et al. Direct conversion of untreated cane molasses into butyric acid by engineered Clostridium tyrobutyricum［J］. Bioresour Technol, 2020, 301: 122764.

［151］方亚坤. 高产甘油酸菌株的筛选鉴定及发酵工艺的初步优化［D］. 河南大学, 2017.

［152］马先红, 李峰, 宋荣琦. 玉米的品质特性及综合利用研究进展［J］. 粮食与油脂, 2019 (1): 1 -3.

［153］董玉, 鄢立刚, 寇庆河, 等. 氰类化合物中毒的防治［J］. 沈阳部队医药, 2010 (4): 274 -276.

第2章 质谱技术在代谢组学中的应用现状

2.1 引言

代谢组学(metabolomics)的概念最先由英国帝国理工大学的 Nicholson 教授领导的研究小组于 1999 年正式提出。所谓代谢组(metabolomics)具体是指细胞、器官和生物体内一些参与生物体新陈代谢,维持其正常生长和功能的相对分子量小于 1000 的内源性小分子化合物的集合。代谢组学主要以信息建模与系统整合为目标,以组群指标分析为基础,以高通量检测和数据处理为手段的一个系统生物学分支,是考察生物体系(细胞、组织或生物体)受刺激或干扰后(如基因变异或环境变化),其内源代谢产物的种类、数量的变化或随时间的变化规律的一门学科。

代谢组学的研究策略主要分靶向性代谢组学(targeted metabolomic)和非靶向性代谢组学(untargeted metabolomic)。靶向性代谢分析主要是指对已知化学结构的特定代谢产物进行定量分析,典型的是关注一种或几种相关的代谢通路。常用于药代动力学研究,衡量某种疗法或基因修饰的效果。目前建立的最有效的分析系统是色谱与三重四极杆(triple quadrupole,QQQ)、飞行时间(time of flight,TOF)或四极杆离子阱(quadrupole trap,Q – Trap)等质谱串联,用多反应检测器(multiple reaction monitoring,MRM)进行检测。靶向性代谢分析的局限性在于可能会错过对一些重要的代谢变化信息的监测。而非靶向性代谢组学范围宽泛,目标是从生物样本中同时分析尽可能多的代谢产物。非靶向性代谢组学分析的色谱可选择与飞行时间(TOF)、静电轨道阱(orbitrap)、离子阱飞行时间(IT – TOF)、四极杆—飞行时间(Q – TOF)等质谱联用。

质谱联用技术有气相色谱—质谱(GC – MS)、气相色谱—四极质谱、气相色谱—飞行时间质谱、气相色谱—离子阱质谱、液相色谱—质谱(LC – MS)、液相色谱—四器极质谱、液相色谱—离子阱质谱、液相色谱—飞行时间质谱,以及各种各样的液相色谱—质谱—质谱联用、基质辅助激光解吸飞行时间质谱(MALDI –

TOFMS)、傅里叶变换质谱(FT - MS)、火花源双聚焦质谱仪、感应耦合等离子体质谱(ICP - MS)、二次离子质谱仪(SIMS)等。

2.2 在临床和药物代谢组学中的应用

2.2.1 健康评估

王魏魏等人应用代谢组学的方法评估长时间低浓度二硫化碳(CS₂)暴露对工人血液代谢变化的影响,旨在识别早期生物标志物来评估 CS₂ 对作业工人健康的影响,通过收集江苏两个化纤厂 800 名在 2013 年进行职业性健康体检的从事 CS₂ 作业工人的体检数据和血液样本,利用液相色谱及气相色谱质谱分析,研究长时间低浓度的 CS₂ 暴露后工人血液中的早期代谢改变,实验结果显示即使车间空气中 CS₂ 浓度常年都在 10 mg/m³ 以下,但长期接触 CS₂ 的作业工人会出现血压、甘油三酯、空腹血糖升高,高密度脂蛋白降低,心电图、肌电图异常,研究这些工人血液样本的代谢组学变化,发现氨基酸、脂肪、嘌呤、肌酐,以及酸性磷酸酶、三磷酸腺苷酶、天冬氨酸—丙氨酸转氨酶和苹果酸脱氢酶的代谢异常,并且利用回归方程发现工人血液样本代谢组学的变化与工人的体检数据异常存在相关性,从而提供了一个评估作业工人健康的早期诊断指标。

Tarja Rajalahti 等在从青春期到成年后体内血清脂肪酸和脂蛋白亚类的浓度变化的研究中,收集了 147 位 10 岁儿童和 136 位健康成年人的血清样本,通过高效液相色谱法(HPLC)曲线拟合和去脂蛋白亚类分析对血清脂蛋白进行了分析。研究发现,两性从青春期到成年血清 EPA 和 DHA 的浓度绝对增加,脂蛋白在动脉粥样硬化的格局变化更亲女性,女性表现出增加动脉粥样硬化小型和极小型的低密度脂蛋白颗粒。在成人衰老过程中脂蛋白的相对变化更加明显,女性死亡率和冠心病发病率均低于男性。这将对心血管健康管理治疗提供更有效的依据。

Yin 等通过使用代谢组学方法确定新的鸡摄取量标记物,在一个独立的队列中使用标记物确定摄取量,并有助于澄清肉类摄入量和健康之间的拟议关联。实验从参与者中收集的餐后和空腹尿样的多变量数据分析显示,高(290 g/d)和低(88 g/d)鸡摄入量之间存在良好的区分。尿代谢产物谱显示低鸡和高鸡摄入量之间代谢产物水平的差异。研究表明,尿中的胍基乙酸盐和血浆 3 - 甲基组氨酸是鸡摄入量的标志,并且可以通过使用尿液测量的胍基乙酸盐标记物来准确地确定鸡的膳食摄入量,这开启了标记可以在未来研究中帮助进行膳食评估的可能性。

色氨酸(TRP)及其分解代谢产物因其对人体健康的临床意义而备受关注。最近,基于 TRP 分解代谢的不平衡,发现微生物组—肠—脑轴与许多疾病有关。Guan - yuan Chen 等通过使用超高效液相色谱与电喷雾电离三重四极杆质谱联用,提出了一种快速、稳健和全面的方法,在 5 分钟内确定 31 个 TRP 分解代谢产物,覆盖三个主要途径——犬尿病,5 - 羟色胺和细菌降解。极性转换用于同时分析两种电离模式中的分解代谢产物,从而大大提高分析通量,日内和日间精密度分别为 0.5% ~ 15.8% 和 1.5% ~ 16.7%。准确度在 75.8% ~ 126.9% 之间。Alberto Gil de la Fuente 等利用来自串联质谱的多种色谱特征和光谱信息,可以快速可靠地注释长链和短链氧化甘油磷酸胆碱(oxPCs)。其中一些信息已经在公开可用的注释工具"CEU Mass Mediator(CMM)"中实现,用于半自动氧化分配。此外,还补充了准确的单同位素 oxPCs,扩展了其他数据库中的当前信息。而且,已经进行了称为 PAPC 的 PC(16:0/20:4)的氧化产物的表征,提供了精确的质量产物离子和中性离子损失的列表。

Zhao 等为探讨呼吸微粒物质(PM2.5)暴露对血清代谢组的影响,收集了中国南京的 PM2.5,使 BALB/c 小鼠接受急性或长期暴露于不溶性 PM 2.5 颗粒或其水溶性提取物的环境中,并对肺组织进行组织病理学分析,在 PM2.5 暴露之前和之后收集血清样品并通过液相色谱/质谱分析。代谢组学分析显示,长期接触水溶性 PM2.5 提取物与统计学上显著的代谢产物变化有关;在对照组和 PM2.5 暴露组之间,30 种已知代谢产物(包括磷脂、氨基酸和鞘脂的代谢产物)的血清浓度显著不同。途径分析鉴定了三羧酸循环(TCA)和磷脂酶代谢途径与 PM2.5 暴露的关联。用于区分 PM2.5 暴露组血清和对照血清的最有影响的代谢产物是 LysoPE,LysoPC,LGPC,柠檬酸,PAF C - 18,NeuAcalpha2 - 3Galbeta - Cer,Lyso - PAF C - 16,神经节苷脂 GA2,1 - sn - glycero - 3 - phosphocholine,PC 和 L - 色氨酸,发现呼吸道接触水溶性 PM 2.5 提取物具有发育后果,不仅影响呼吸系统,还影响新陈代谢。

2.2.2　新生儿和孕妇疾病筛查

蔡娜等回顾性分析了 2013 年 5 月 ~2016 年 12 月在其医院疾病筛查中心采用 ESI - MS 串联质谱技术进行遗传代谢病筛查的 27217 例新生儿的临床资料,检测项目包括 10 个氨基酸、24 个酰基肉碱及其相对应的比值。检测结果提示可疑阳性新生儿占 1.69%（459/27217），怀疑阳性病种包括 21 种，分为氨基酸代谢障碍类、有机酸代谢障碍类和脂肪酸代谢异常 3 类，459 例可疑阳性新生儿中，最终确诊 14 例。在研究中确诊的新生儿遗传代谢病中，氨基酸代谢障碍类 8 例，占 57.14%（8/14）；而假阳性新生儿中，氨基酸代谢异常的 288 例，占 64.72%（288/445），发现通过使用串联质谱检测可早期发现新生儿遗传代谢病，且灵敏度理想。

王洋等利用气相色谱—质谱联用技术（GC‑MS），寻找区分婴儿肝炎综合征（neonatal hepatitis syndrome，NHS）及先天胆道闭锁（biliary atresia，BA）患儿可能的血清代谢标志物群，对 14 例患儿及 7 例对照患儿血清行代谢组学分析，用偏最小二乘—判别分析（partial least squares‑discriminant analysis，PLS‑DA）得分图可区分两者代谢指纹谱区别，PLS‑DA 荷载图及 t 检验发现有 7 个代谢产物在组间存在显著性差异，实验表明这些指标可能是婴儿肝炎综合征及胆道闭锁疾病早期诊断的特异性代谢标志物群。

Fattuoni 等运用气相色谱—质谱（GC‑MS）联用技术，并采用多变量统计方法对 63 名孕妇进行代谢组学分析，评估从人巨细胞病毒（HCMV）感染和未感染胎儿获得的羊水（AF）样品中的代谢特征，以阐明先天性 HCMV 感染期间代谢途径的变化，并识别新的潜在诊断和/或预后生物标志物，结果发现 HCMV 感染对象的共同特征是谷氨酰胺—谷氨酸和嘧啶代谢途径的激活。

李思涛等测定了极低出生体重早产儿的尿代谢谱及通路变化，采用前瞻性病例对照的研究方法，选择 2014 年中山大学附属第六医院出生的极低出生体重早产儿为研究对象，选择同期本院出生的健康足月儿为对照（足月儿组），于出生后 24 h 内收集尿液标本，经尿素酶预处理—气相色谱质谱联用技术测定尿样本中氨基酸、脂肪酸和有机酸等小分子代谢产物，应用正交偏最小二乘—判别分析（OPLS‑DA）寻找两组间的差异和生物标志物，结合代谢通路在线网站完成代谢通路富集和重要靶标物质筛选，实验结果显示潜在靶标物质在极低出生体重早产儿组明显降低，极低出生体重早产儿和足月儿尿代谢谱和通路具有显著差异，证明基于尿素酶预处理—气相色谱质谱联用技术结合通路富集及多变量数据分析的代谢组学方法可为评估新生儿营养状态提供科学依据。

癫痫孕妇（PWWE）需要持续抗癫痫药物（AED）治疗，以避免自身风险和母体癫痫发作继发的胎儿风险，导致 AED 暴露于发育中的胚胎和胎儿。Walker 等为确定高分辨率代谢组学是否能够将接受拉莫三嗪的 PWWE 或左乙拉西坦用于癫痫发作控制的代谢产物特征与相关的药效学（PD）生物反应联系起来。使用高分辨率质谱法完成从 82 名 PWWE 获得的血浆的非靶向性代谢组学分析。拉莫三嗪或左乙拉西坦单药治疗引起的生物学改变通过代谢组学范围的关联研究确定,该研究将服用任一药物的患者与不需要 AED 治疗的患者进行比较。然后通过测试药物剂量相关的代谢变化和途径富集来评估与 AED 使用相关的代谢变化。AED 治疗导致在母体血浆中可识别的药物相关代谢谱。检测到母体化合物和主要代谢产物,并且每种 AED 与其代谢特征和途径相关。检测到两种药物对母体健康和胎儿神经发育有重要作用的代谢产物和代谢途径变化的影响,包括一碳代谢、神经递质生物合成和类固醇代谢的变化。此外,从服用拉莫三嗪的女性中检测到 5 – 甲基四氢叶酸和四氢叶酸水平降低,这与最近发现使用 AED 的 PWWE 中自闭症谱系障碍性状风险增加的结果一致。这些结果代表了药物代谢组学框架开发的第一步,有可能在怀孕期间检测出与 AED 相关的不良代谢变化。

2.2.3　疾病早期预测和发病机理研发

临床早期诊断的一个切入点就是身体的代谢产物。目前认为,疾病发生会引起代谢产物的变化,研究这些变化与时间、病程之间的关系,有助于人们更好地解释疾病发生的过程。如果发现相关体内代谢生物标志物,对于临床诊断也是十分有价值的。

黄海军等建立了基于超高效液相色谱—质谱(UPLC/MS)的粪便上清代谢组学方法,并应用该技术对急性肝炎、慢性肝炎、肝硬化、肝癌和健康人粪便上清的代谢产物进行代谢组学研究。进一步应用实时荧光定量 PCR 的方法来分析肝硬化患者肠道主要菌群的变化,并分析肠道菌群的改变对机体代谢的影响,经方法学验证表明该方法重复性好、灵敏度高、分辨率高,适用于粪便上清代谢产物的快速、高通量检测。杜振华等采用高效液相色谱—轨道离子阱质谱联用(HPLC – LTQ Orbitrap XL MS)代谢组学研究平台分析不同阶段肝硬化病人和健康人群的血清标本,获取代谢轮廓,采用模式识别方法结合非参数检验对数据进行分析,研究发现,由肝硬化 A 级组、B 级组、C 级组和健康对照组的代谢轮廓构建的正交偏最小二乘—判别分析(OPLS – DA)模型[R2(Y) = 90.1% ; Q2 = 66.7%],对检测组数据的预测准确率达到 93.8%,具有很好的判别能力,从代谢轮廓中可以鉴别出用于区分不同疾病阶段的特异性代谢标志物,如溶血磷脂酰胆碱、甘氨鹅去氧胆酸、半胱氨酸、甘氨酸、氨基己二酸、哌可酸等,结果表明利用代谢组学方法获得的血清代谢轮廓可以用来构建区分模型和寻找代谢标志物,为乙肝肝硬化的诊断和监测提供支持和依据;史栋栋等应用基于气相色谱—质谱联用(GC - MS)的代谢组学方法结合细胞周期实验,研究羽扇豆醇体外抑制人乳腺癌细胞 MCF - 7 增殖的作用机理,结合羽扇豆醇将细胞周期抑制在 G1 期这一现象,推测羽扇豆醇可能是主要抑制了三羧酸循环中的琥珀酰辅酶 A 的生成和底物磷酸化生成 ATP 的反应来抑制 MCF - 7 细胞的增殖,从代谢组学角度为乳腺癌抗肿瘤机制提供新的线索;曾平燕等对 2 型糖尿病(T2DM)模型大鼠与正常组大鼠血浆磷脂代谢的情况进行对比分析,寻找相关的病理生物标记物。将 SD 大鼠随机分为 2 组:正常对照组(NC)、2 型糖尿病模型组(MC),通过 UPLC - Q - TOF/MS 分析技术研究机体在正常状态、2 型糖尿病状态下的大鼠体内血浆脂质代谢产物变化的情况。得到大量的数据,结合二级数据质谱裂解数据、元素组成、数据库匹配,鉴定得到大鼠血浆磷脂成分,再通过 R 软件中 BioMark 软件包实现对两组样品中特异性标志物的筛选。筛选出的磷脂病理标记物主要为磷脂酰胆碱类(PC)和甘油三酯类(TG),其中 MC 组中大鼠血浆二酰基 PC 类的含量明显比 NC 组大鼠的要低,在病理状态下表现为高碳数、高不饱和度的 TG 类成分的减少。在 2 型糖尿病状态下,大鼠血浆磷脂发生了明显的代谢变化,而这些代谢变化与 2 型糖尿病的发生与发展有密切的关系;高山山等通过建立 LPS 诱导的 RAW 264.7 细胞炎症模型,应用代谢组学技术,采用 UPLC - Q - TOF/MS 液质联用检测细胞内代谢产物,采用正交偏最小二乘—判别分析(OPLS - DA)进行数据处理,筛选并初步鉴定了衣康酸、牛磺酸、缬氨酸、天冬氨酸等 17 种差异代谢产物,与正常细胞相比,炎症细胞的蛋白质代谢、糖代谢、核酸代谢等代谢通路受到扰动,为揭示细胞炎症机制及抗炎药物机制研究奠定基础。王静等采用 STZ 结合高脂饮食构建 2 型糖尿病大鼠动物模型,结合相关药理指标的检测和基于 GC - MS 方法对黄连治疗 2 型糖尿病的尿液代谢组学进行了研究,发现黄连和二甲双胍均具有降血糖和降血脂的作用,并且可能存在不同的治疗机理。Jessica Tay - Sontheimer 等利用液相色谱—串联四极杆飞行时间质谱技术,通过对患者和健康儿童共 189 名的尿液样本进行分析,试图发现人内源性尿生物标记物 CYP2D6 活性。患者和健康儿童组($n = 189$)都将使用右美沙芬为候选生物标志物。成人氟西汀测试,CYP2D6 抑制剂为候选生物标志物。在儿科训练和验证集发现两种生物标志物——M1(m/z) 444.3102 与 CYP2D6 的活性,而存在于受试者与其他表型的 M1 代谢水平检测不到。在成年受试者中,CYP2D6 抑制观察丰度发现 9.56 - fold M1 下降。结果鉴定和验证 M1 可能提供一种检测 CYP2D6 表型的无创手段。这为儿科疾病治疗的研究提供了可靠的依据,促进儿科学疾病治疗的发展。

FAN 等利用 LC－MS 代谢组学研究平台,筛选出 12 组灵敏度高、专属性强的潜在生物标志物,可用于临床冠心病的快速诊断以及不同分型的区分诊断。Han 等应用超高效液相色谱——四极矩法对 63 名中国汉族人群孤独症和自闭症患者进行了分析,飞行质谱(UPLC/Q－TOF/MS/MS)检测血清与自闭症相关的代谢变化,并通过血清代谢产物的分析发现了自闭症与代谢相关的两个特异性指标:鞘氨醇磷酸和二十二碳六烯酸,这为诊断自闭症提供了依据。

崔广波等采用气相色谱——质谱(GC－MS)的代谢组学技术研究人卵巢癌紫杉醇耐药细胞 A2780/Taxol 与敏感细胞之间内源性代谢产物的差异,初步探讨 A2780/Taxol 细胞生物学特性和耐药机制。人卵巢癌细胞敏感细胞与耐药细胞相比,琥珀酸、天冬氨酸、果糖、肌醇等 13 种内源性代谢产物存在显著性差异。糖降解、三羧酸循环(TCA)、肌苷代谢途径发生了异常改变,这些差异改变可能与卵巢癌细胞的耐药机制有关。

因相反诱导的急性肾损伤(AKI)是接受碘化造影剂给药的患者的严重并发症,而且造影剂引起的急性肾损伤(CI－AKI)的分子机制尚未得到很好的表征,Li 等运用了基于液相色谱——质谱(LC－MS)的血清代谢组学结合模式识别来探索和表征 CI－AKI 实验模型中的潜在代谢产物和代谢途径。鉴定了血清中的 17 种分化代谢产物,涉及与色氨酸代谢、甘油磷脂代谢、类固醇激素生物合成、嘧啶代谢、鞘脂代谢、氨酰基－tRNA 生物合成相关的关键代谢途径,其研究通过改变生物标志物和途径提供了对 AKI 病理生理机制的新见解。作为临床一线药物,与吡嗪酰胺和乙胺丁醇(HRZE 方案)联合使用的利福平和异烟肼通常会诱发肝毒性,Cao 等为研究出这种现象背后的机制,使用高分辨率超高效液相色谱——质谱(UPLC－MS)平台对来自结核病(TB)患者的尿液代谢产物进行分析。发现三羧酸循环、精氨酸和脯氨酸代谢,以及嘌呤代谢途径受抗结核药物的影响。给予 HRZE 后,焦谷氨酸、异柠檬酸、柠檬酸和黄嘌呤的水平显著降低。上述途径在药物诱导的肝损伤(DILI)和非 DILI 患者之间也是不同的。与非 DILI 组相比,DILI 组的尿酸盐和顺式－4－辛二酸水平显著增加,而顺式乌头酸和次黄嘌呤水平显著降低。这些结果强调了超氧化物的产生可以加剧 HRZE 方案的肝毒性作用。绝经后妇女是患有骨质疏松症的高危人群。骨质疏松症的早期预测和诊断将更有可能控制骨质疏松症患者的病情恶化,为此 Hu 等使用液相色谱/质谱(LC/MS)结合多变量统计分析对以雌性大鼠作为动物模型的血浆进行代谢组分析。结果显示,卵巢切除诱导的骨质疏松症的代谢变异涉及 18 种差异表达的代谢产物和13种相关的代谢途径,例如,缬氨酸、亮氨酸和异亮氨酸生物合成,以及花生四烯酸和甘油磷脂代谢。炎症性肠病(IBD)是一种肠道疾病,涉及消化道的慢性和复发性炎症,但其确切的发病机制仍不清楚。因此,Nishiumi等通过白细胞介素(IL-10)敲除小鼠(表现出失调的免疫系统的IBD动物模型)的代谢产物分析获得对IBD的新见解。研究分析了IL-10基因敲除小鼠大肠和血浆中的代谢产物。采用两种分析(气相色谱/质谱和液相色谱/质谱)用于检测更广泛的代谢产物,包括亲水和疏水代谢产物,而且进行了大肠中的脂质介质和IL-10敲除小鼠的腹水的分析。结果发现IL-10基因敲除小鼠中各种代谢产物(包括脂质介质)的水平发生了改变,花生四烯酸和DHA相关的脂质级联在IL-10敲除小鼠的腹水中上调。

2.2.4　药物毒理评价

因喹赛多属于喹噁啉-N-1,4-二氧化物的衍生物,部分喹噁啉类药物代谢后可生成高毒性的代谢产物,进而对组织造成毒性损害,有些甚至产生致癌、致畸、致突变作用,杨术鹏等采用超高效液相色谱串联四级杆/飞行时间质谱仪(UPLC-Q-TOF/MS)识别和鉴定了喹赛多在鸡体内的代谢产物,并讨论了喹赛多在鸡体内可能的代谢途径,试验结果显示,喹赛多在鸡体内发生广泛的代谢,为喹赛多药物在治疗动物疾病中的应用、其安全性的评价和残留标志物的确定提供了基础性的研究。安卓玲等运用正、负离子检测模式的超高效液相色谱三重四级杆串联质谱(UPLC-MS/MS)技术结合多变量统计分析方法进行了药物性肝损伤患者血清的代谢组学研究,鉴定出肝损伤患者与健康人血清中存在显著性差异的潜在生物标志物——苯丙氨酸和二甲基鸟苷,为药物性肝损伤的早期发现提供分子依据。

草乌(Aconiti Kusnezoffii Radix,AKR)是乌头(*Aconitum kusnezoffii Reichb*)的根,通常用于治疗类风湿性关节炎。然而,由于其潜在的毒性,临床应用受到限制。因此,Sui等为了研究其潜在的神经毒性和肾毒性的机制,结合血清生化和组织病理学测量,进行了综合代谢组学研究。基于UHPLC-Q-TOF质谱的代谢组学方法用于表征AKR毒性,将两种色谱技术(包括反相色谱和亲水相互作用色谱)结合起来进行血清和尿液检测,从而平衡了两种基质的完整性和选择性。实验结果鉴定了可以提供实用基础的高灵敏度和特异性毒性生物标志物,用于诊断AKR诱导的神经毒性和肾毒性。

氯胺酮是临床上静脉注射的全身麻醉剂,主要用于外科麻醉,麻醉诱导和临床麻醉用于诊断测试。由于其镇痛作用、致幻作用和成瘾性,氯胺酮也作为休闲药物被滥用。Zhang 等通过气相色谱—质谱(GC - MS)检测 29 只大鼠[氯胺酮滥用组($n = 15$)和对照组($n = 14$)]脑组织的变化并获得数据集,利用径向基函数网络(RBFN)计算动物氯胺酮成瘾的鉴定,实验结果精度达到 93.1034%。清开灵注射液(QKLI)由 8 种中药材或其提取物制成,广泛用于临床实践,用于治疗上呼吸道炎症、肺炎、高热和病毒性脑炎,但会有严重的过敏反应。Gao 等使用超高效液相色谱结合四极杆飞行时间质谱对实验大鼠进行了基于代谢产物极性定向分析的大规模非靶向性代谢组学研究。实验结果显示,对应于 QKLI - IA 的早期、中期和晚期过敏反应阶段,分别鉴定了 14、9 和 4 种潜在的生物标志物。代谢途径分析显示,QKLI - IA 导致血清氨基酸、脂肪酸、甘油酯和磷脂代谢的动态变化。发现 24 种代谢产物在 QKLI - IA 的三个阶段具有相同的波动趋势。实验结果表明,QKLI - IA 的发病机制与花生四烯酸代谢密切相关。

神经递质是信号分子,在大脑中的神经元通信中起关键作用。药物诱导的神经递质和其他脑代谢产物浓度的变化可用于根据其靶向代谢组学特征来表征药物。Olesti 等采用液相色谱—串联质谱(LC - MS/MS)方法同时定量大鼠血浆和脑匀浆中的 16 种内源性小极性化合物。该方法能够定量神经递质 γ - 氨基丁酸、谷氨酸、乙酰胆碱和腺苷,以及胆碱、谷氨酰胺、乙酰谷氨酸、肉碱、肌酸、肌酸酐、缬氨酸、亮氨酸、异亮氨酸、苯丙氨酸、酪氨酸和色氨酸。优化了样品制备、色谱和光谱条件后,使用标准加入方法和亲水作用色谱(HILIC)与聚酰胺柱成功验证了该方法。

2.2.5 肠道口腔代谢产物分析

王希越等建立了两性离子亲水作用色谱/质谱联用方法用于大肠杆菌胞内极性代谢产物的分离分析。选取 52 个代表性极性物质对该方法进行考察,发现此方法有较好的线性范围,且大部分物质最低检测限均在 ng/mL 数量级。平行制备 6 份样品进行分析,结果显示 85% 以上代谢产物峰面积的精密度(RSD)值小于 30%。6 个内标物质在低、中、高 3 个浓度下的日内精密度(RSD)均小于 20%,大部分物质的相对回收率都在可接受的范围内(70% ~ 130%)。把此方法用于 yfcC 基因改造的 3 株大肠杆菌代谢组分析,发现一些小肽、氨基酸、核苷、有机酸、磷脂等物质在基因改造后发生明显变化。此研究结果表明,建立的两性离子亲水作用色谱/质谱联用方法检测到的物质化学性质分布广,跨越了极性磷脂到小肽的各个范围,且具有良好的重复性、稳定性和适用性。Zhong 等运用

HPLC－MS/MS 平台研发出 ^{13}C 标记的定量代谢组学方法,这个方法对大肠杆菌模型具有较高的准确性,并且将其运用到定量细菌代谢产物浓度的三个不同领域中(包括细胞内、细胞外和整体),可显著区分三个领域中的代谢产物。

Zhou J 等通过超高效液相色谱(UHPLC)—配置和 UHPLC－质谱(MS)代谢组学分析评估 AFB(1) 对 F344 大鼠肠道—微生物群依赖性代谢的不利影响。UHPLC 分析发现在第 4 周收集的粪便样品中有 1100 个原始峰,其中 335 个峰显示出适合定量的峰形。监督正交偏最小二乘投影到潜在结构—判别分析揭示了 11 个可用于预测 AFB(1) 诱导的代谢产物不利变化的差异峰。基于 UHPLC－MS 的代谢组学分析发现了 AFB 显著改变的 494 个特征,其中 234 个使用人类代谢组数据库(HMDB)进行了推断性鉴定。代谢产物组富集分析表明,AFB(1) 高度破坏的代谢途径是蛋白质生物合成、泛酸和 CoA 生物合成、甜菜碱代谢、半胱氨酸代谢和蛋氨酸代谢。将 8 种特征评定为 AFB(1) 暴露的指示性代谢产物:3－癸醇、黄嘌呤酸、降亚精胺、神经肉毒碱(卡尼汀)、泛酸、苏糖醇、2－己酰肉碱和 1－硝基己烷。这些数据表明,AFB(1) 可以显著减少肠道营养物质的种类,并破坏许多肠道—微生物群依赖的代谢途径,这可能有助于检测 AFB(1) 相关的发育迟缓、肝脏疾病和免疫毒性作用。

2.2.6　药物药效评估

以往的功效测试或毒性测试仅关注某些组织或特定器官的功能改变或毒性反应,有时难以发现某些药品的不良反应。代谢组学是生物体的整体代谢研究,能够充分反映药物作用引起的生物体内各种组织的代谢变化,发现药品不良反应并找出毒性作用机制,已成为近年来毒性评估研究的热点技术。如果某种药物引起类似某种疾病的生物标志物的变化,表明该药物可能会导致该种疾病的发生。另外,代谢组学也可用于药品不良反应的全面评估,这对新药开发和中药安全性评价具有重要意义。

汪晋通过运用 GC－MS 技术分析正常组、急性心肌缺血造模组和三七总皂苷给药组的大鼠血清代谢产物组,进而使用主成分分析(PCA)和偏最小二乘法—判别(PLS－DA)法研究 3 组代谢产物谱的差异,结果显示经给药三七总皂苷后,重要代谢产物均发生逆转,向正常组大鼠代谢水平回归,证明三七总皂苷有助于维持线粒体正常功能,减轻结扎冠状动脉引起的代谢紊乱。运用 GC－MS 代谢组学方法,找出了具有特异性变化规律的代谢产物组,为三七总皂苷的药效评价提供了新的技术途径。戴伟东等用代谢组学方法评价了中药通心络和人参对过度疲劳大鼠的干预作用,通过构造大鼠过度疲劳模型,并分别用通心络和人参进行干预,采用快速液相色谱—离子阱飞行时间质谱(UFLC‐IT‐TOF‐MS)获取大鼠血浆代谢轮廓,并用正交偏最小二乘法(OPLS)进行多变量统计分析,分别找出用于区分通心络和人参干预组大鼠同正常对照大鼠、过度疲劳大鼠的重要差异代谢产物,结果显示,过度疲劳大鼠体内的色氨酸、胆汁酸、溶血磷脂酰胆碱等代谢通路发生较大变化,经通心络或人参干预的大鼠整体代谢轮廓趋向正常水平,并能够部分调节上述发生变化的代谢通路使之向正常方向变化。陈汀等采用基于超高效液相色谱—飞行时间质谱(UPLC‐TOF‐MS)的代谢组学技术,并结合主成分分析的方法,研究正常小鼠和不同剂量 CCl_4 诱导的肝损伤小鼠血浆代谢产物组的变化,初步确定建立了小鼠肝损伤血浆代谢产物研究模型的 CCl_4 用量,并寻找到 10 个具有特征性的内源性生物标记物,为进一步研究中药的保护肝脏作用奠定了基础。杨琪伟等基于超高效液相色谱—电喷雾质谱(UPLC‐MS)比较赤芍和白芍给药后大鼠血清代谢产物指纹图谱,采用偏最小二乘—判别分析法研究给药组与正常组之间的代谢产物组差异,寻找可能的生物标识物,结果显示赤芍和白芍提取物在 $0.5\sim1$ h 对大鼠角叉菜胶致足趾肿胀均有较好的抑制作用,在 $2\sim3$ h 仅赤芍提取物有较好的抑制作用。

Seul 等利用超高效液相色谱/串联四极杆飞行时间质谱(UPLC‐Q‐TOF/MS)技术,在类固醇治疗婴儿特异性皮疹 AD 中,使用1%吡美莫司应用于一个病人组 AD 病变中,而0.05%地奈德乳膏适用于其他组的病变,每日两次治疗,共4周。对51例体表皮疹面积超过5%的2岁以下婴儿尿液代谢产物进行分析,研究结果表明,1%吡美莫司乳膏较0.05%地奈德乳膏安全性、疗效更高。谢晶等采用超高效液相色谱—串联四极杆飞行时间质谱(UPLC‐TOF/MS)技术快速分析鉴别短管兔耳草的化学成分,为其临床应用提供参考依据,试验采用 UPLC‐TOF‐MS/MS 仪器,YMC TriartC18 色谱柱(21 mm×100 mm,19 μm),以乙腈‐0.2%甲酸水溶液为流动相梯度洗脱;质谱采用电喷雾(ES)离子源,在负离子模式下采集数据,通过保留时间、精确分子离子峰和二级质谱裂解碎片,并结合参考文献,对短管兔耳草成分进行鉴定,该实验共鉴别出 22 个化合物,其中黄酮类化合物 11 个,苯乙醇苷类化合物 6 个,环烯醚萜类化合物 1 个,有机酸类化合物 4 个。UPLC‐TOF‐MS/MS 方法能快速鉴别短管兔耳草中的各类化学成分,方法简单、快速,可为短管兔耳草的临床应用提供物质依据。

秦伟瀚等为对马钱子油炸炮制前后提取物的差异进行定性、定量研究,实验采用超高效液相色谱—四级杆串联飞行时间质谱(UPLC‐Q‐TOF‐MS)采集数据,结果显示马钱子的成分类别主要包括生物碱、糖苷、脂肪酸酯和醇类,其中检测到已知成分共 29 个,未曾报道的化合物达 13 个;OPLS－DA 分析中最显著的化合物是士的宁、麦芽糖、Dattelic acid 和油酸;定量分析结果表明油炸炮制后马钱子碱和士的宁的含量有所降低,且士的宁的下降幅度略大于马钱子碱,均能达到《中国药典》2015 年版马钱子项下要求。

2.2.7　血液代谢产物分析

张凤美等利用液质联用的代谢组学研究平台对急性心肌梗死患者血清代谢轮廓进行分析,建立疾病区分模型并筛选出具有潜在诊断价值的特征代谢标志物。实验结果显示,成功地构建了"急性心肌梗死患者—健康对照组"的主成分分析(R2X＝75.6%,Q2＝39.7%)及正交偏最小二乘代谢轮廓分析模型(R2Y＝97.8%,Q2＝97.0%),验证结果模型的预测准确度达到 100%,筛选了 36 个对比急性心肌梗死患者与健康对照组间具有显著差异的特征离子,并鉴定了其中的 19 个。CHEN 等采用数据非依赖的扫描方式获取生物样本中代谢产物二级质谱信息,建立 CL－MRM 方法,同时实现血浆中涵盖了氨基酸代谢、核苷酸代谢、能量代谢等代谢通路中 1460 个代谢产物的检测,并对其中 1015 个代谢产物进行相对定量分析,充分体现了液质联用技术在临床生物样本中的代谢产物高覆盖、高灵敏度的分析优势。

Zheng 等基于液相色谱—串联质谱(LC－MS／MS)技术对人血清样品中多巴胺、5－甲氧基色胺、酪胺、苯乙胺(PEA)、肾上腺素(EPI)、去甲肾上腺素(NE)、变肾上腺素(MN)和去甲肾上腺素(NMN)进行测定,采用正向预定多反应监测(MRM)模式。该方法成功的关键是在 C18 反相柱上对目标分析物进行液相色谱分离之前,使用异硫氰酸苯酯(PITC)包含胺衍生化步骤。还优化了质谱条件,例如,特征性片段化和定量转变,以获得最大灵敏度和特异性。所有目标分析物的检测限均在低纳摩尔范围内,具有三种不同浓度水平(低、中和高)的加标血清样品的回收率在 93.2%～113% 的范围内,精确度值小于 10.9%。

2.3　在植物代谢组学中的应用

植物代谢组学研究可以通过对不同基因型、生态型植物代谢组的比较,研究基因的改变和环境的改变对植物代谢的影响;另外,通过代谢产物指纹图谱的比较,可以进行代谢表型的分类。

2.3.1　植物病虫抗性机理研究

徐飞等利用一种基于气相色谱与质谱联用(GC – MS)技术的代谢组学分析方法来研究不同抗性水稻品种(系)的代谢轮廓差异,以期深入地揭示 RSV 的致病机理和品种的抗性机制。该方法通过提取两个不同抗性品种(系)的水稻植株:武育粳 3 号健株(WS)、武育粳 3 号病株(WSB)、KT95 – 418 健株(WB)、KT95 – 418 病株(WBB),得到相应的代谢产物,实验发现 WS 中有内源性代谢产物 12 种、WSB 中 11 种、WB 中 9 种、WBB 中 14 种。其中 WS 和 WSB 中共有内源性代谢产物 5 种,WB 和 WBB 中共有内源性代谢产物 6 种,4 个样品中共有内源性代谢产物 4 种,且含量均存在差异。经分析显示在保留时间(min)10.53 时分离出来的 2,4 – 二甲基苯甲醛可能为感病性代谢产物,而在保留时间(min)7.59 和 10.73 时分离出来的三甲基苯酚和 2 –(2 – 乙烯基)噻吩可能为抗病性代谢产物。研究发现,不同抗性品种(系)水稻植株的代谢轮廓(谱)存在着一定的变化规律。不同抗性的两个水稻品种(系)的健株在代谢产物上存在较大差异,而相应的病株则差异较小,并分析出 2,4 – 二甲基苯甲醛可能与水稻对 RSV 的感病性相关,而三甲基苯酚和 2 –(2 – 乙烯基)噻吩对 RSV 起到抗性作用。

Sato 等研究了大豆对代表性水平的毛糙蚜(*Aulacorthum solani Kaltenbach*)的抗性。评估了两种大豆品种 Tohoku149 和 Suzuyutaka 叶片的蚜虫死亡率和沉降率,发现前者在引入蚜虫后很快就具有很强的抵抗力。使用毛细管电泳飞行时间质谱法分析对蚜虫引入的代谢组学反应,发现了以下三个特征:①Tohoku149 的柠檬酸盐、氨基酸及其中间体的浓度本质上高于 Suzuyutaka;②产生次生代谢产物的几种代谢产物的浓度在蚜虫引入后 6 h 发生了显著变化,如类黄酮和生物碱;③蚜虫引入 48 h 后 Tohoku149 中 TCA 循环代谢产物浓度增加。还分析了在大豆品种和饥饿条件下饲养的蚜虫中的游离氨基酸,发现 Tohoku149 上的蚜虫的分布与饥饿的蚜虫相似,但与 Suzuyutaka 的蚜虫不同。这些测试证实蚜虫从 Tohoku149 吸收了韧皮部汁液。该研究证明了大豆品系和蚜虫的代谢组学特征,这将有助于从分子水平理解大豆对蚜虫的抗性机制。

Peng 等结合水稻植株及其害虫褐飞虱(BPH)的代谢组学分析,了解寄主水稻植株防御和 BPH 昆虫反应的机制。在叶鞘提取物中检测到 26 种代谢产物。水稻叶鞘代谢组学分析结果表明,BPH 饲喂诱导 YHY15 和 TN1 植株代谢产物谱的明显变化。这些结果表明,BPH 感染增强了 TN1 植物中的脂肪酸氧化、乙醛酸循环、糖异生和 GABA 分流,以及 YHY15 中的糖酵解和莽草酸途径。我们提出 BPH15 基因介导一种抗性反应,通过莽草酸途径增加次级代谢产物的合成。在 BPH 蜜露中鉴定出 33 种代谢产物。蜜露代谢组学分析结果表明,当 BPH 昆虫以抗性 YHY15 植物为食时,与 TN1 植物饲喂的 BPH 相比,蜜露中的大部分氨基酸显著降低。基于代谢组学结果,我们提出以抗性 YHY15 植物为食的 BPH 可增强氨基酸吸收。同时,在 YHY15 喂养的 BPH 中尿素显著增加。

2.3.2　植物逆境抗性机理研究

2.3.2.1　水分胁迫

何秀全等运用非靶向分析 GC – MS 和靶向分析 HPLC – ELSD 对木薯部分极性代谢产物进行分析,分离出 36 种代谢产物,通过数据库确定了其中 31 种,5 种未鉴定。通过对比不同作物的糖成分,发现木薯比其他作物多出一个海藻糖,该糖目前被认定为与植物抗旱密切相关。Wenzel L 等为探明干旱胁迫对生长在不同地点和季节的大麦自然变种代谢产物的影响,通过 GC – MS 技术进行多元分析,结果表明,亲脂性代谢产物的差异主要由季节因素造成,而水分亏缺的影响主要体现在极性代谢产物的变化上,与自然变异无关。单变量分析揭示了 17 种代谢产物,包括单糖(葡萄糖)、三糖(棉子糖)、几种有机酸和生物胺(γ – 氨基丁酸),在干旱条件下都会受到严重影响。

Correia 等运用 GC – MS 技术对两个蓝桉无性系的蛋白组和代谢组进行分析,揭示了蓝桉在抗旱和恢复过程中的策略及一系列异常蛋白组,为蓝桉耐旱品种的早期选育提供了潜在的标记物。李小东等以禾本科牧草高羊茅为研究对象,采用液相色谱电离串联质谱(LC – ESI – MS)分析了干旱胁迫条件下高羊茅叶片中的代谢组学变化。其中,共稳定检测到 282 种代谢产物发生变化,148 种下调表达,134 种上调表达。利用 MZmine 软件处理原始数据,用主成分分析(PCA)与正交偏最小二乘法—判别分析(OPLS – DA)方法,鉴定出 4 种代谢产物在干旱处理后下调,6 种代谢产物上调。其中,芳香族化合物酰基基诺内酯、芳香族游离氨基酸、苏合香脂、甲烷呋喃都表现为上调;油脂代谢产物氢过氧化硬脂丁二酸酐、3 – 氧代十二烷酸酯、3 – 羟基十八烷基碳烯酸表现为下调,过氧化三甲基胺甲脂表现为上调;其他代谢产物如羟甲基茉莉酸葡萄糖苷(糖苷类)上调,胡椒新碱(生物碱)下调。芳香族化合物和脂代谢产物可能在高羊茅抗旱过程中起关键调控作用。

Goufo P 等运用 GC – TOF – MS 技术的非靶向代谢组学分析,通过对干旱及复水后豇豆叶、根中初级代谢和次生代谢轮廓对比分析,阐明了豇豆对环境变化的生物化学适应特性。将产量和已鉴定的代谢标记关联,通过改变代谢产物进行标记辅助育种,从为而提高抗旱性方面提供了重要的经验依据。干旱胁迫的代谢后果在高度耐旱的植物锦鸡儿(caragana korshinskii)中得到了表征。Zhang等使用 GC - TOF - MS 平台在叶子、茎、根茎和植物根部的提取物中鉴定了数百种代谢产物,所述植物已经受到干旱胁迫或充分浇水。4 个器官中的每一个都为干旱反应提供了许多潜在的代谢标记。通过应激诱导 4 个器官各自的各种小碳水化合物和可溶性氨基酸的丰度增加;这些化合物可以作为相容的溶质或抗氧化剂。在整个植物中,几种 Krebs 循环和糖酵解中间体的含量下降,以及氨基酸(谷氨酸和天冬氨酸)的含量下降。通路分析表明,大多数潜在的代谢标志物参与能量代谢和氨基酸代谢。这意味着在 C. korshinskii 适应干旱胁迫期间,能量代谢和光合作用受到损害。鉴于 4 种器官中与干旱反应相关的代谢产物谱不同,可以得出结论,每种器官采用不同的策略来应对干旱胁迫。Rabrara R C 等运用 UHLC - MS - MS2/GC - MS 技术证明了 4 - 羟基 - 2 酮戊二酸和香豆雌酚分别可以作为茄科植物和豆科植物响应干旱胁迫的代谢标记。

Khan N 等运用 UPLC - HRMS 技术阐明干旱胁迫下鹰嘴豆不同品种(耐旱和敏感)代谢水平的变化及其引发的遗传变异,通过非靶向代谢轮廓分析表明,干旱胁迫下,叶绿素含量、Fv / Fm、相对含水量、芽和根干重显著降低,20 种已确定的代谢产物中,显著增加的有尿囊素、脯氨酸、精氨酸、组氨酸、异亮氨酸和色氨酸,显著下降的有胆碱、苯丙氨酸、γ - 氨基丁酸、丙氨酸、酪氨酸、氨基葡萄糖、鸟嘌呤和天冬氨酸,且氨酰基—转移核糖核酸及次生代谢产物的合成、氨基酸的合成和代谢途径都参与了产生遗传变异的过程。研究结果对扩充影响鹰嘴豆适应并减少干旱伤害的代谢组库意义重大。大气 CO_2 浓度升高缓解了黄瓜生理水平的中度至重度干旱胁迫。为了研究潜在的代谢机制,Li 等用两种 CO_2 和三种水组合处理黄瓜幼苗,并使用非靶向代谢组学方法分析它们的叶子。结果表明,CO_2 升高改变了 79 种差异代谢产物,主要与丙氨酸、天冬氨酸和谷氨酸代谢,精氨酸和脯氨酸代谢,TCA 循环和中度干旱胁迫下的甘油磷脂代谢有关。此外,CO_2 升高促进了次生代谢产物的积累,包括异阿魏酸、间香豆酸和水杨酸。在严重干旱胁迫下,CO_2 升高改变了 26 种差异代谢产物,主要参与丙氨酸、天冬氨酸和谷氨酸代谢,丙酮酸代谢,精氨酸和脯氨酸代谢,乙醛酸和二羧酸代谢,半胱氨酸和蛋氨酸代谢,淀粉和蔗糖代谢,糖酵解或糖异生和嘧啶代谢。此外,升高的 CO_2 积累了碳水化合物、1,2,3 - 三羟基苯、邻苯二酚、谷氨酸和 L - 古洛糖酸内酯,以适应严重的干旱。总之,根据干旱胁迫的程度,与 CO_2 升高相关的减轻干旱胁迫的代谢产物和代谢途径是不同的。我们的研究结果可为 CO_2 施肥和外源代谢产物的应用提高黄瓜抗旱性提供理论依据。

2.3.2.2　温度胁迫

赵秀琴等采用气质谱联用仪(GC - MS)技术系统分析水稻品种 IR64 遭遇不同时间段低温后代谢产物图谱的变化特征。结果表明,草酸、戊糖酸 - 1,4 - 内酯、海藻糖及水杨酸参与了水稻低温胁迫早期应激性反应。在低温胁迫过程中,水稻植株主要通过苯丙氨酸、脯氨酸、谷氨酸、丝氨酸、苏氨酸、天门冬氨酸、缬氨酸、木糖醇、尿囊素和鼠李糖等含量的提高维持细胞渗透平衡。

Hochberg 等将生长在两个近理想温度(25℃和35℃)下的酿酒葡萄(vitis vinifera)品种 Shiraz 和 Cabernet Sauvignon 的植株叶片的代谢组学和生理学响应进行了对比分析,发现当生长在 25℃下时,两个品种叶片的生长速率和光合特性都基本相同,但当生长在 35℃下时,Shiraz 的呼吸速率和非光化学猝灭都相应增强,光合速率和生长量都相应减少。相反,Cabernet Sauvignon 的光合活性和生长量则相对稳定。在 35℃下生长时,两个品种中的二糖(棉子糖、海藻糖和核酮糖)的积累都相应增加,而单糖(葡萄糖、果糖和蔗糖)的含量却相应减少,且 Shiraz 比 Cabernet Sauvignon 表现得更加明显。这一研究结果说明了葡萄生长的理想温度依品种不同而变化,从而对生长在不同温度下的不同葡萄品种植株的代谢响应变化进行了初探。

Day 等对高温在棉花(Gossypium spp.)花期和铃期对棉花纤维中糖代谢和纤维素合成的影响进行了研究后发现,在温度升高后,棉花纤维中蔗糖合成酶和酸碱转换酶的活性降低,蔗糖含量减少,而蔗糖磷酸化酶的活性增强,愈伤葡聚糖的含量增加。Chen 等对坛紫菜(Porphyra haitanensis)中脂类代谢产物对短期高温胁迫的响应进行研究后鉴定出了 39 种脂类标记物,为进一步了解坛紫菜中脂类代谢产物对高温胁迫的响应机制提供了思路。同样,Gall、Kiet、Nose 和 Chen 等分别对芒草(miscanthus sinensis)代谢组、抗辐射水稻(oryza sativa)品种(32R)根部阳离子代谢组和冠盘藻脂类代谢组对低温胁迫的响应开展了研究。

2.3.2.3　盐碱胁迫

Guo 等通过使用 GC - TOF/MS 平台发现盐碱胁迫对小麦生长和光合作用的危害较盐胁迫大,Ca 与小麦耐碱性程显著正相关,增加 Ca 含量可以迅速激发 Na 紧急排除系统,减少 Na 损伤。盐胁迫可通过代谢转变生成糖类以避开渗透胁迫,根部能量供应和叶片合成活性是小麦耐盐的必要条件,碱胁迫(高 pH)显著抑制光合速率,导致糖产生量减少、氮代谢受损、氨基酸减少、糖酵解受限。Hu

等对肯塔基蓝草进行 GC－MS 分析,发现植物对盐度的适应主要与氨基酸(脯氨酸、缬氨酸、谷氨酸、天冬酰胺、谷氨酰胺、苯丙氨酸和赖氨酸)和糖(蔗糖、海藻糖)的积累有关。相反,对碱度胁迫的代谢反应主要与有机酸的积累有关,主要是糖酸(葡萄糖酸盐、半乳糖酸盐、葡糖酸盐)和参与柠檬酸循环的有机酸盐(苹果酸盐、柠檬酸盐、异柠檬酸盐、琥珀酸盐、马来酸盐、乌头酸盐)。Terce - Laforgue 等为更好地了解烟酰胺嘌呤二核苷酸—谷氨酸脱氢酶(NAD - GDH)在盐胁迫条件下的生理机能,通过 GC - MS 分析发现 GDHA 和 GDHB 两种基因的超表达会诱导多种含碳和含氮分子在植物不同代谢、发育和胁迫响应过程中的积累,在 3 种对 GDHA 和 GDHB 具有超表达功能的转基因烟草(GDHA、GDHB、GDHA/B)中发现盐胁迫可以诱导二甘油三酯、红蛋白和卟啉的累积,说明这些分子可以改良盐度胁迫条件下转基因植株的机能。

yang 等运用 GC - MS 平台研究了在普通野生大豆和耐盐野生大豆之间,响应中性盐胁迫和碱盐胁迫,分析代谢产物谱的差异,以阐明耐盐机制。结果表明,在两种处理下,耐盐野生大豆的生长均优于普通野生大豆。差异代谢产物分析表明,在盐胁迫下,普通野生大豆中的一些碳水化合物和脂肪酸水平低于耐盐野生大豆。这些代谢产物包括乳糖、核糖、月桂酸、棕榈酸、硬脂酸和亚麻酸。碱盐胁迫下,在两种野生大豆中观察到氨基酸积累,这些氨基酸是缬氨酸、酪氨酸、谷氨酸、亮氨酸和异亮氨酸。盐胁迫下耐盐野生大豆中大多数有机酸和脯氨酸的含量增加,这些有机酸包括粘酸、戊二酸、半乳糖酸和脱氢抗坏血酸,TCA 循环在普通野生大豆中增强,但在耐盐野生大豆中减少。该研究表明,普通野生大豆的耐盐机制通过刺激柠檬酸循环生成更多的 ATP。然而,耐盐野生大豆可以调节氨基酸和有机酸代谢以产生更多的可溶性物质。

2.3.2.4　重金属胁迫

有研究将日本水稻品种(*Oryza sativa* var. japonica)暴露于浓度从 10 到 1000 μmol·L^{-1}的重金属[Cd(Ⅱ)和 Cc(Ⅱ)]后收割,从水稻地上部分提取了代谢产物质并将高效液相色谱(HILIC TSK gelamide - 80 column)和四极杆轨道阱(Q - Exactive)质谱联用对其进行了非靶向性分析,共检测出了 112 种代谢产物,其中 97 种被鉴定和确认。通过对检测出的代谢产物质的途径分析表明,植物对两种金属的响应途径存在潜在的相似性,尽管从表面上看,Cd(Ⅱ)的伤害较严重。在两种金属胁迫下,水稻次生代谢产物及氨基酸类、嘌呤类、含碳化合物和甘油酯类的代谢途径都受到了影响,生长和光合能力也相应减弱,同时还诱导了防御机制来减少细胞损伤。

Zhang 等将 GC－MS 和 LC－MS 结合对土壤中 Zn 的浓度与茶树根部的影响关系进行分析,营养元素分析表明,Zn 的浓度影响根系的离子吸收和营养元素向叶片的运输,导致茶叶或根系中 P、S、Al、Ca、Fe 和 Cu 的分布不同。代谢组学分析显示,锌缺乏或过量会对茶叶中的代谢途径产生不同的影响,锌缺乏影响碳水化合物的代谢,Zn 过量则影响黄酮类代谢。而且,结果显示 Zn 缺乏和 Zn 过量导致烟酰胺水平降低,这加速了 NAD(＋)降解并因此降低了能量代谢,元素—代谢产物相关性分析表明,茶叶中的锌含量与有机酸、含氮代谢产物和一些碳水化合物代谢产物呈正相关,与次生代谢相关的代谢产物和其他一些碳水化合物代谢产物呈负相关。同时,代谢产物—代谢产物相关分析表明,有机酸、糖、氨基酸和黄酮类化合物在 Zn 胁迫下调控茶叶代谢中起主导作用。

2.3.2.5　辐射胁迫

为了探明红豆杉叶片在超强紫外线(ultraviolet－A,UV－A)照射后响应和防御的分子机制,有学者将红豆杉叶片在 UV－A 辐射前后的蛋白质组学和基于 GC－MS 的代谢组学数据进行了关联分析。结果发现,在高强度的 UV－A 辐射后,红豆杉叶绿体受到了损伤,光合作用、糖酵解、次生代谢、蛋白质的合成、降解及活性等相关系统都发生了明显的变化。在 UV－A 辐射后,光系统Ⅱ(PSⅡ)和光系统Ⅰ(PSⅠ)中分别有 47 种和 6 种蛋白发生了改变,说明 PSⅡ对于 UV－A 辐射较 PSⅠ更加敏感。此外,随着糖酵解相关的 4 种关键酶的增加和糖酵解过程的增强,次生代谢作用增强。1－脱氧－D－酮糖－5－磷酸还原异构酶(DXR)和 4－羟基－3－甲基－2－邻苯基二磷酸还原酶在 UV－A 辐射后显著增加,促进了紫杉醇的合成。这项研究表明,短期的高强度 UV－A 辐射可以刺激植物的胁迫防御系统并提高紫杉醇的含量。

Zheng 等为研究中国红豆杉叶片对紫外线－A(UV－A)增强辐射的分子响应和防御机制,采用无凝胶/无标签凝胶蛋白组学和气相色谱—质谱(GC－MS)分析方法。透射电镜结果表明紫外线 A 对叶绿体有损伤。叶片和叶绿体的蛋白质组学分析表明,UV－A 辐射主要改变光合作用、糖酵解、次生代谢、胁迫和蛋白质合成、降解和活化相关系统。47 种 PSⅡ蛋白和 6 种 PSⅠ蛋白在 UV－A 处理下在叶片和叶绿体中发生改变。这说明 PSⅡ作为 UV－A 光的目标对 UV－A 的敏感性高于 PSⅠ。糖酵解增强,增加了四种糖酵解相关的关键酶,为次级代谢提供了前体。1－脱氧－D－xylulose－5－磷酸还原异构酶和 4－羟基－3－甲基－2－烯基二磷酸还原酶在 UV－A 照射过程中明显升高,紫杉醇增强。紫杉醇生物合成通路相关基因 mRNA 表达水平在 UV－A 照射下呈下调趋势,在暗孵育下呈上调趋势。这些结果表明,短期高剂量的 UV - A 辐射可刺激植物应激防御系统和紫杉醇的产生。

2.3.3　植物基因功能研究

Jumtee 等利用 GC/TOF - MS 和毛细管电泳/电喷雾气相色谱(CE/ESI - GC)技术,对水稻 3 种光合色素同时突变的突变体进行代谢谱分析,发现细胞色素在糖代谢中起到重要的作用,有效地揭示了该突变体内的代谢变化及其与表型的关系。Nagai 等对转细胞质 ADP 葡萄糖焦磷酸羧化酶(ADPGase)水稻进行代谢谱研究,发现除 ADP 葡萄糖(ADPglc)含量增加外,其他淀粉合成中的一些代谢中间产物的含量也发生显著变化,如 1 - 磷酸 - 葡萄糖(Glc - 1 - P)、UDP 葡萄糖、6 - 磷酸 - 葡萄糖(Glc - 6 - P)含量大大增加,其增幅与 ADPglc 一致。转基因后代中从蔗糖代谢到 ADPglc 形成的这一反应形成了新的平衡。而且,葡萄糖和果糖的显著增加,意味着存在转化酶的诱导。对转基因材料代谢分析表明,ADPGase 催化反应可能是普遍存在的现象,碳流从蔗糖到淀粉的限制位于 ADPglc 形成的下游,这就导致了 ADPglc 形成的上游前体物质的增加。Zhou 等对抗虫转基因水稻进行代谢谱分析,发现转基因材料中蔗糖、木糖醇、谷氨酸较非转基因稻米显著增加,而其他代谢产物的增加可能由不同环境条件引起。

郑海英等采用高效液相色谱串联高分辨率质谱仪对破色期番茄果实代谢物进行代谢组学分析,探究转录因子 SINAC4 对果实成熟中代谢产物的影响。对两组番茄代谢组学分析后结果显示,既能与数据库物质的一级离子 m/z 匹配也能与数据库物质的碎片离子(二级)m/z 匹配到的差异代谢产物质数目一共有 67 种,包括氨基酸衍生物及二肽类(19 种)、维生素类(7 种)、糖类及其衍生物(4 种)、核酸及其衍生物(11 种)、生物碱类(4 种)、香精香料(4 种)及有机酸(9 种)。其中有 29 种化合物的含量上调,38 种含量显著下降,表明番茄 SINAC4 转录因子影响了番茄果实成熟过程中的代谢。

2.3.4　植物与环境相互作用研究

贾光林等利用 UPLC 技术研究 3 种人参皂苷(Rg1、Re 与 Rb1)与生态因子的关系,发现人参皂苷含量的积累与热量因子具有较强的负相关关系,与其他因子具有弱相关关系,通过生态适宜性分析得到 3 种人参皂苷积累最佳地区是长白山山脉。王东等建立了分散固相萃取结合超高效液相色谱—串联质谱快速检测玉米和土壤中噻酮磺隆、异唑草酮及其代谢产物 RPA203328 与 RPA202248 残留的分析方法。在玉米样品中,4 种分析物的基质效应均大于 10%;在土壤样品中,除 RPA202248 基质效应小于 10% 外,其余 3 种分析物的基质效应均大于 10%。噻酮磺隆、异唑草酮及其代谢产物在 0.001 ~ 1.0 μg/mL 范围内线性关系良好,相关系数为 0.9945 ~ 0.9995。加标浓度在 0.005 ~ 0.1 mg/kg 范围内的回收率为 72.9% ~ 116.5%,相对标准偏差($n = 5$)为 0.75% ~ 17.8%,定量下限为 0.005 ~ 0.01 mg/kg。Sade 等将 GC - MS 和 LC - MS 技术结合,通过对比分析抗性品种和易受侵染品种中的代谢组和转录组的变化,对番茄(*Solanum lycopersicum*)响应黄化曲叶病毒侵染的机理进行了的探究,结果发现,番茄植株在受到黄化曲叶病毒侵染后,初生代谢产物组和次生代谢产物组都发生了不同形式的变化,显示出不同的调控途径,且在抗性品种中水杨酸的合成对调节植株的抗性起到了重要作用。该研究对番茄响应黄化曲叶病毒侵染的代谢途径有了更深入的了解。Han 和 Micallef 运用气相色谱—飞行时间质谱(GC - TOF)技术,通过对比不同番茄品种各器官表皮的代谢产物和分泌液的变化及在其表皮上寄生的肠道沙门氏菌种群的数量和生长状况的变化,发现植物表皮的代谢环境对沙门氏菌的生长和寄生效率有重要的影响。这一方法对了解人体病原菌与植物之间的相互关系提供了新的途径,同时为寻找安全培养微生物的作物品种提供了新的策略。Eloh 等首次应用 GC - MS 技术对根结线虫(*Meloidogyne incognita*)侵染两个月后的番茄植物进行了非靶向代谢指纹分析,并通过主成分分析法和正交投影结构判别法分析发现丙氨酸、苯丙氨酸、泛酸盐和辅酶、甘氨酸、丝氨酸、三氨酸及可溶性糖的代谢在番茄受到线虫侵染后都发生了转变,这项研究表明代谢组学方法在识别被线虫侵染植株方面有足够的敏感性和特异性。Scandiani 等对阿根廷大豆(*Glycire max*)猝死综合征(SDS)的主要病原——南美大豆猝死综合征病菌(*Fusarium tucumaniae*)侵染初期的根部代谢轮廓进行了分析,结果表明易受侵染植株根部氨基酸的积累是侵染早期的主要特征,同时证明了基于 GC - MS 的代谢组学技术比较适用于大豆对 SDS 的快速表征检测。

2.3.5　植物主要和次生代谢产物研究

刘慧等运用实验中已建立的提取方法与 HILIC - MS/MS 分析方法测定了水稻样品(珍汕 97B)叶部与根部的 29 种呼吸相关代谢产物,并采用标准加入法进行定量分析。检测结果为珍汕 97B 的叶部测出 22 种目标化合物,根部测出 8 种目标化合物。何秀全等运用 GC - MS 技术对两个品种的木薯进行分离鉴定,实验分离到 30 多种代谢产物,与数据库比对鉴定出 31 种成分,包括糖类和少量的次生代谢产物；多数产物为 2 个品种共有，而且含量基本一致；少数产物具有品种特异性，其中只在 SC124 中检测到的代谢产物有 2 – hydroxy – Cyclohexanecarbonitrile、L – rhamnose、2 –（hydroxymethyl）– 6 – methoxytetrahydropyran – 3，4，5 – triol 和 3 种未知代谢产物，而只在 SC5 中检测到的有 methyl dihydrogen phosphate、Malonic acid、palmiticacid、a – Lyxopyranose 和 2 种未知代谢产物。

程芳等通过选取来自不同国家和地区的 14 种非转基因玉米，3 种转基因玉米（转植酸酶玉米、转 BT 玉米、转高赖氨酸玉米）以及他们的野生受体，运用超高效液相色谱质谱（UPLC – MS/MS）和气相色谱质谱（GC/MS）对这些玉米的种子进行代谢组学分析，一共测得 232 种代谢产物。14 种非转基因玉米可以根据代谢产物主成分分析（PCA）进行分类，具有一定亲缘关系的品种可以根据代谢产物区分。对比转植酸酶玉米与其非转基因受体种子代谢产物的差异，发现除了预期产生的甲基化磷酸、肌醇 – 1 – 磷酸上升和植酸下降的变化之外，没有其他明显的代谢产物差异产生。转 BT 玉米与非转基因玉米对比，8 种与生物合成有关的氨基酸含量上升。转高赖氨酸玉米与非转基因玉米代谢产物对比，赖氨酸升高，吲哚乙酸、腺苷、山梨醇和 2 – 氨基己二酸下降。

郭广君等利用气相色谱—质谱联用（GC – MS）技术分析栽培番茄（*S. lycopersicum*）9706 与 3 份多毛番茄（LA2329、LA1777 和 PI134417）材料叶表次生代谢产物质。结果表明，3 份多毛番茄叶表可检测到的次生代谢产物质种类和总含量均高于普通番茄，同时多毛番茄亚种间次生代谢产物质的种类和含量也存在差异。普通番茄叶表次生代谢产物质为 3 种单萜和 3 种倍半萜类物质，其中单萜和倍半萜类物质分别占次生代谢产物质总量的 60.3% 和 39.7%。多毛番茄 LA2329 和 LA1777 叶表倍半萜类物质的种类和含量较高。李思钒等运用超高效液相色谱质谱联用技术，在水稻种子样品中共鉴定出已知代谢产物 165 种，其中初级代谢产物 122 种，次生代谢产物 43 种。李东等通过基于 LC – MS（液相色谱—质谱联用仪）系统的广谱定向代谢组学研究方法，有效地建立了二级质谱标签（MS2T）数据库。在玉米籽粒中，利用 MIM – EPI（多离子检测模式—增强子离子扫描）的方法，一共获得了 983 个几乎没有重复的特征代谢产物，并完成了其中 184 个代谢产物质的鉴定和标注。

陈路路等采用 LC – MS/MS 分析方法，获得了新疆一枝蒿根、茎、枝、叶、花不同组织器官的代谢组信息，并构建多变量统计模型进行分析，发现花与其他组织器官的代谢组存在显著差异。结合数据库检索与化合物质谱裂解规律分析，获得差异代谢产物的结构类型，包括 61 个黄酮类、97 个一枝蒿酮酸衍生物、7 个绿原酸类化合物及 15 个其他类型化合物。进一步采用聚类热图分析针对上述 180 个差异代谢产物在各组织器官的分布情况进行表征,初步揭示了各类化合物在不同组织器官的分布特征。

Yu 等通过稳定同位素标记液相色谱多反应监测扫描质谱(SIL - LC - MRM - MS)方法来分析植物中潜在的 BR[Brassinosteroids(BRs)在植物的各种生理过程中起着至关重要的作用]。该方法提供了比全扫描、中性丢失扫描和前体离子扫描模式更高的检测灵敏度推定了 BR 化合物。在 CID 下分别从 4 - 苯基氨基甲基苯硼酸(4 - PAMBA)和 d5 - 4 - 苯基氨基甲基苯硼酸(4 - PAMBA - d5)标记的 BR 中产生两个特征中性损失,其用于建立基于 MRM 的检测和筛选。使用该方法,在油菜花中检测到 13 种潜在的 BR,并且通过 MS/MS 谱和/或保留时间进一步推断 BR 的结构。

2.3.6　质量监控与产地区分

Kim 等利用 UPLC - QTOF - MS 技术对 1 ~ 6 年生的人参进行研究,通过随机森林(RF)、芯片预测分析(PAM)和偏最小二乘判别分析方法对大量的代谢产物进行筛选,得到主要的生物标志物,用聚类分析和主成分分析对 1 ~ 6 年生的人参进行区分,建立不同生长年限人参的质量控制方法。芮雯等采用超高效液相色谱串联四极杆飞行时间质谱仪(UPLC/Q - TOF - MS)建立黄芪药材的指纹图谱,初步鉴定其主要色谱峰,并结合主成分分析(PCA)模式识别方法评价不同产地药材质量。用 ACQUITY UPLC BEH C18 色谱柱,以水—乙腈—异丙醇体系梯度洗脱,使用 ESI 离子源,正、负离子模式下采集数据。应用 Markerlynx 软件进行不同产地药材的 PCA 分析。在 18 min 内建立了黄芪药材的 UPLC/Q - TOF - MS 指纹图谱,结合 PCA 分析,可以区分不同产地的药材,并找出包括毛蕊异黄酮,芒柄花素,黄芪皂苷Ⅰ、Ⅱ等 8 个差异最大的化合物。

董茂锋等建立了同时测定玉米及玉米植株中胺唑草酮及其两个代谢产物残留量的液相色谱串联质谱分析方法。在 1 ~ 1000 μg/L 的浓度范围内,3 种目标化合物的响应值与浓度呈良好的线性关系,在 3 个添加水平下,玉米籽粒及植株中胺唑草酮及其代谢产物的平均添加回收率为 85% ~ 111%,相对标准偏差(RSD)为 2.3% ~ 11.0%。方法定量限(LOQ)为 5 μg/kg。曹国秀等采用高效液相色谱串联四极杆飞行时间质谱法(HPLC - Q/TOF - MS),利用代谢组学技术,比较银杏叶制剂组成成分的差异,包括银杏叶滴丸、银杏酮酯滴丸、银杏叶提取物片。结果表明,采用高分辨质谱鉴定了 21 种银杏叶提取物片与银杏叶滴丸的差异成分,其中滴丸中含量大于银杏叶提取物片的有 7 种,主要是黄烷醇类化合物,银杏叶提取物片中含量大于滴丸的有 14 种,多数是有机酸类化合物。鉴定了银杏叶滴丸与银杏酮酯滴丸的 12 种差异成分,其中银杏叶滴丸中含量大于酮酯滴丸的有 7 种,主要是黄烷醇类化合物,酮酯滴丸中含量大于银杏叶滴丸的有 5 种,主要是金松双黄酮和有机酸。

2.4 在动物代谢组学中的应用

2.4.1 动物发病机理研究

Manna 等使用酒精喂养的雄性 Ppara - null 小鼠作为酒精性肝病(ALD)模型检查与 ALD 相关的代谢变化。实验显示乙醇硫酸盐、乙基 $-\beta-$D $-$葡糖苷酸、4 $-$羟基苯乙酸和 4 $-$羟基苯乙酸硫酸盐的尿排泄升高,2 $-$羟基苯乙酸、己二酸和庚二酸的排泄在酒精处理过程中被耗尽。野生型和 Ppara - null 小鼠虽然程度不同,然而,在 Ppara - null 小鼠中,吲哚 $-3-$乳酸仅通过酒精暴露而升高。吲哚 $-3-$乳酸的升高与醇处理的 Ppara - null 小鼠中与 ALD 发展相关的分子事件在机理上相关。Liu 等研究了感染肝螺杆菌(H. hepaticus)的重组酶激活基因 -2缺陷型[Rag(2 $-/-$)]小鼠作为模拟天然存在的炎症事件和人类慢性炎症反应的相关关键特征的动物模型。实验中结合基于质谱的代谢组学和肽学来分析感染 H. hepaticus 的 Rag(2 $-/-$)小鼠的血清样本。代谢组学分析显示 H. hepaticus 感染显著改变了许多代谢途径,包括色氨酸代谢、甘油磷脂、蛋氨酸—同型半胱氨酸循环、柠檬酸循环、脂肪酸代谢和嘌呤代谢,大多数代谢产物被下调。特别是肠道菌群对受感染动物的血液代谢产物有显著影响。

Lai 等探究了 CS7BL/6J 小鼠模型中非酒精性脂肪性肝病(NAFLD)发展相关的病理生理和代谢组学变化,其中通过喂食高脂肪饮食(HFD)诱导 NAFLD 4、8、12 和 16 周。使用超高效液相色谱结合四极杆飞行时间质谱(UHPLC - QTOF - MS)和气相色谱质谱(GC - MS)进行血清代谢组学分析,以建立代谢组学谱。实验发现共有 30 种潜在的生物标志物与 NAFLD 的发展密切相关。其中,11 种代谢产物主要与碳水化合物代谢、肝脏生物转化、胶原合成和肠道微生物代谢有关,这些都是肥胖的特征,以及 NAFLD 发病期间血清葡萄糖、总胆固醇和肝脏甘油三酯水平显著升高(4 周)。在 8 周时,发现主要参与脂质代谢和胰岛素分泌扰动的另外 5 种代谢产物在 NAFLD 进展的中期与高胰岛素血症、高脂血症和肝脂肪变性相关。在 12 和 16 周结束时,14 种额外的代谢产物主要与异常的胆汁酸合成、氧化应激和炎症相关。登革热是由登革热病毒(DENV)引起的急性发热性疾病,是世界热带和亚热带地区发病率和死亡率高的主要原因。Cui 等研究了在感染后 0d、3d、7d、14d 和 28d 使用具有 DENV 血清型 2 感染的人源化小鼠(humice)的模型进行基于质谱的血清代谢谱分析。鉴定了 48 种差异代谢产物,包括脂肪酸、嘌呤和嘧啶、酰基肉碱、酰基甘氨酸、磷脂、鞘脂、氨基酸和衍生物、游离脂肪酸和胆汁酸。这些代谢产物呈现可逆变化趋势,大多数在 3 或 7d 时显著扰乱,并在 14d 或 28d 时恢复到对照水平,表明代谢产物可能作为腐殖质中疾病的预后标志物。主要扰动的代谢途径包括嘌呤和嘧啶代谢、脂肪酸 β - 氧化、磷脂分解代谢、花生四烯酸和亚油酸代谢、鞘脂代谢、色氨酸代谢、苯丙氨酸代谢、赖氨酸生物合成和降解,以及胆汁酸生物合成。

Gao 等使用超高效液相色谱结合四极杆飞行时间质谱对过敏性大鼠(应答者)进行了基于代谢产物极性定向分析的大规模非靶向代谢组学。对应于 QKLI 诱导的过敏反应(QKLI - IA)的早期、中期和晚期过敏反应阶段,分别鉴定了 14、9 和 4 种潜在的生物标志物。代谢途径分析显示,QKLI - IA 导致血清氨基酸、脂肪酸、甘油酯和磷脂代谢的动态变化。发现 24 种代谢产物在 QKLI - IA 的三个阶段具有相同的波动趋势。结果表明,QKLI - IA 的发病机制与花生四烯酸代谢密切相关。

低氧预适应(HPC)对严重缺氧发挥内源性神经有保护作用,但保护作用的介质和潜在的分子机制仍未完全了解。Liao 等研究建立了海马代谢组学方法,以探索与 HPC 相关的改变,通过将成年 BALB/c 小鼠暴露于急性重复性缺氧 4 次来建立 HPC 的动物模型。超高液相色谱四极杆飞行时间质谱(UHPLC - QTOFMS)结合单变量和多变量统计分析被用于破译海马组织中与 HPC 相关的代谢变化。观察到 HPC 组和对照之间海马的显著代谢差异,表明 HPC 小鼠模型成功建立并且 HPC 可引起显著的代谢变化。发现几种关键的代谢途径被急性扰乱,包括苯丙氨酸、酪氨酸和色氨酸生物合成,牛磺酸和亚牛磺酸代谢,苯丙氨酸代谢,谷胱甘肽代谢,丙氨酸、天冬氨酸和谷氨酸代谢,酪氨酸代谢,色氨酸代谢,嘌呤代谢,柠檬酸循环和甘油磷脂代谢。He 等为研究类风湿性关节炎(RA)运用的动物模型是具有胶原诱导的关节炎(CIA)的小鼠,通过运用超高效液相色谱/串联质谱联用多反应监测(MRM)用于代谢组学研究,实验结果从 CIA 小鼠获得 45 种胺代谢产物的概况,包括游离氨基酸及其在血浆中的生物代谢产物,发现 CIA 组的 20 种胺代谢产物的血浆水平显著降低,实验结果表明,无序的胺反应与 RA 相关的肌肉萎缩和能量消耗有关。

2.4.2　药物在动物体内作用机制研究

代谢网络缺陷被认为是疾病发生的原因,疾病的治疗需要纠正代谢网络中的错误问题,因而可以用代谢组学方法从系统和整体观的角度研究药物的药理学作用。代谢组学方法不仅可以研究药物引起的内源性代谢产物的变化,还可以动态检测药物本身的代谢变化。上述生物化学变化很容易被解释,有助于评估药动学和发现药物及其活性作用成分。

帕金森病(PD)的特征在于构成黑质纹状体途径的多巴胺能(DA)神经元的变性,与小胶质细胞激活有关的神经炎症在该过程中起重要作用。Vetel Steven 等探索了大鼠的中度病变模型,其中 6 - 羟基多巴胺在纹状体的三个部位单侧递送。通过体内正电子发射断层扫描(PET)成像和纹状体多巴胺转运蛋白(DAT)的体外放射自显影定量和酪氨酸羟化酶(TH)的免疫染色评估退行性过程。通过体外放射自显影定量纹状体中的 18kDa 易位蛋白(TSPO)和 SN 中的 CD11b 染色来研究小胶质细胞活化。此外,使用与 HPLC 结合的质谱法在这两种结构中进行靶向代谢组学探索。结果显示纹状体 DAT 密度的可再现性降低与 SN 和纹状体中 TH 阳性细胞数量的减少相关,反映了黑质纹状体 DA 神经元的强烈中度退化。此外,研究人员在纹状体和病灶同侧 SN 中观察到强烈的小胶质细胞激活,突出显示 DA 神经元的这种中度退化与显著的神经炎症相关。

张志新等应用 UPLC - Q - TOF/MS 的代谢组学分析技术在正离子模式下分析了正常对照组、酵母诱导发热模型组、清开灵给药组和赖氨酸阿司匹林给药组这 4 组大鼠血浆代谢组,以期找到与清开灵解热作用有关的潜在生物标志物。代谢组数据的偏最小二乘判别分析(PLS - DA)结果显示这 4 组样本的血浆代谢组存在明显的差异,结合正交偏最小二乘判别分析(OPLS - DA)在清开灵给药后 1 h 和 2 h 分别筛选并定性出 13 个和 14 个潜在生物标记物。对这些生物标记物的峰面积在清开灵给药组与酵母诱导发热模型组之间进行比较,结果显示在 1 h 酪氨酸、甘氨熊脱氧胆酸、熊去氧胆酸、胆酸和 1 - 磷酸鞘氨醇和在 2 h 1 - 磷酸鞘氨醇、三肽半胱氨酸—赖氨酸—组氨酸、胆酸的含量有回到正常水平的趋势。

Rzagalinski 等展示了高分辨率/高精度基质辅助激光解吸/电离傅里叶变换离子回旋共振质谱在特立氟胺治疗动物的小鼠脑冠状切片的分子成像中的应用。为了评估特立氟胺对小鼠中枢神经系统(CNS)区室的影响,研究了特立氟胺穿过血脑屏障(BBB)的可行性。其次,系统地评估了给予 4 d 特立氟胺后 24

种不同内源性化合物的空间和半定量脑代谢谱。尽管在检查的脑切片中未检测到药物(所开发的方法具有高检测灵敏度),但与对照动物相比,特立氟胺给药导致的内源性代谢区室的深入研究显示出显著的改变,尤其是嘌呤和嘧啶核苷酸以及谷胱甘肽和碳水化合物代谢中间体的差异,揭示了特立氟胺对小鼠脑代谢网络的潜在影响。

2.4.3　动物尿液、血液、细胞、组织中的代谢产物

2.4.3.1　动物尿液

谷金宁等利用基于质谱的代谢组学方法考察了人参总皂苷(TG)治疗糖尿病心肌病(DCM)大鼠的效应机制,采用快速高分辨液相色谱/四级杆—飞行时间/质谱(RRLC/Q – TOF/MS)技术对糖尿病心肌病模型组(DCM 组)和人参总皂苷治疗组(TG 组)大鼠尿样的尿液代谢产物进行分析,RRLC/Q – TOF/MS 检测结果表明,DCM 组和 TG 组大鼠的尿液代谢产物谱能得到很好的区分,发现并鉴定了 3 种生物标记物。TG 降低了 DCM 大鼠心肌超微结构损伤并改善其血脂、血糖及心肌氧化应激水平,结果显示作用机制可能是 TG 对柠檬酸循环、脂肪酸代谢和氧化应激水平的调节作用。

Dechlorane 602(Dec 602)是一种氯化阻燃剂且具有毒性,Tao 等运用基于超高效液相色谱和离子阱飞行时间质谱的代谢组学研究被用于研究给予 Dec 602(0、0.001、0.1 和 10 mg / kg)的小鼠的尿液和血清代谢特征。通过多变量分析观察到 Dec 602 处理组和对照组之间代谢分析的显著差异,直接反映了由 Dec 602 引起的代谢扰动。Dec 602 动物的尿液的代谢组学分析显示胸苷和色氨酸以及酪氨酸的含量水平增加,12,13 – 二羟基 – 9Z – 十八碳酸、2 – 羟基十六烷酸和异丙醛的含量降低。血清的代谢组学分析显示,暴露于 Dec 602 的动物的犬尿喹啉酸、大豆苷元、腺苷、黄尿酸和次黄嘌呤的水平降低。这些发现表明 Dec 602 诱导了苯丙氨酸、酪氨酸和色氨酸生物合成,色氨酸代谢,酪氨酸代谢,嘧啶代谢,嘌呤代谢,泛醌和其他萜类化合物—醌生物合成的干扰;苯丙氨酸代谢和氨酰 – tRNA 生物合成。免疫和神经递质相关代谢产物(酪氨酸、色氨酸、犬尿喹啉酸和黄尿酸)的显著变化表明,Dec 602 的毒性作用可能有助于其与免疫和神经系统的相互作用。

2.4.3.2　动物血液

Yang 等评估通过在 1% 乳酸(LA)或 1% 盐酸(HA)中浸泡 48 h 进行玉米处理对饲喂高玉米的肉牛的瘤胃和血浆代谢特征影响的效果(48.76%),饮食中

浓缩物与粗饲料的比例为 60∶40。研究了饲喂 LA 和 HA 处理玉米的肉牛的炎症反应,基于超高效液相色谱—四极杆飞行时间质谱(UHPLC - QTOF / MS)代谢组学和多变量分析,研究表明,在 1% LA 或 1% HA 中浸泡玉米会调节瘤胃的代谢特征。饲喂 1% LA 或 1% HA 浸泡的肉牛,瘤胃中碳水化合物代谢产物、氨基酸代谢产物、黄嘌呤、尿嘧啶和 DL - 乳酸的相对丰度相关;具有较高的瘤胃 pH 值;低浓度乙酸盐,异丁酸盐和异戊酸盐;并且具有较低的瘤胃脂多糖(LPS)浓度的倾向。此外,数据显示在喂食 1% LA 或 HA 处理的玉米的肉牛中,血浆 C - 反应蛋白、血清淀粉样蛋白 A、触珠蛋白、白细胞介素(IL) - 1 和 IL - 8 的浓度较低。1% LA 处理降低血浆 LPS、LPS 结合蛋白和肿瘤坏死因子 - α 的浓度以及血浆中 L - 苯丙氨酸、DL - 3 - 苯基乳酸和酪胺的相对丰度。1% HA 处理降低了血浆中尿素的相对丰度,增加了血浆中所有氨基酸的相对丰度。这些结果表明,LA 或 HA 处理玉米调节了淀粉的降解特性,有助于改善瘤胃。

孙玲伟等收集了临床酮病奶牛血样 24 例,亚临床酮病奶牛 33 例,健康对照组奶牛 23 例,静脉采集试验奶牛血液,分离血浆,检测其 β - 羟丁酸、血糖等生化指标。将血浆样品预处理后,运用 GC/MS 联用技术检测各组奶牛血浆代谢产物,利用质谱数据库对其进行鉴定。采用主成分分析(principal component analysis,PCA)和偏最小二乘判别分析法(partial least squares discriminant analysis,PLS - DA)等多元统计方法对临床酮病组、亚临床酮病组和健康对照组奶牛检测数据进行模式识别分析。研究建立了内源性代谢产物谱的 GC/MS 分析方法,并利用 NIST(2008)商业质谱数据库对检测到的代谢产物进行快速鉴定,共检测出 267 个变量。将代谢组数据导入 SIMCA - P 软件进行主成分分析和偏最小二乘法判别分析,代谢组数据可将患病组与健康组分别聚类区分,并且寻找到组间种类无差别代谢产物为 40 种。结果显示与对照组相比,临床和亚临床酮病的差异代谢产物均为 32 个,临床酮病与亚临床酮病组相比有 13 个差异代谢产物。通过查找 KEGG 数据库,对代谢产物进行分析,这些代谢产物主要与氨基酸代谢、脂肪代谢和碳水化合物代谢等能量代谢途径相关。

王飞等建立了动物血清、尿液样品中硝基呋喃代谢产物的高效液相色谱—串联质谱检测方法。样品在酸性条件下与 2 - 硝基苯甲醛发生衍生化反应,经乙酸乙酯提取,采用液相色谱—串联质谱仪器进行检测。结果表明,呋喃西林代谢产物、呋喃唑酮代谢产物、呋喃他酮代谢产物、呋喃妥因代谢产物在牛血清、猪血清、鸡血清、牛尿和猪尿中的定量限均为 1.0 μg/kg,平均回收率为 80.6% ~ 103.9%,相对标准偏差小于 15%($n = 6$)。Ju 等开发了一种支持液体萃取(SLE)

和气相色谱—质谱联用选择反应和选择离子监测模式(GC - SRM/SIM - MS)的方法,而且将这种 SLE 纯化与 GC - MS 方法的组合用 37 种不同类型的类固醇进行了优化,并将结果与固相萃取(SPE)方法进行了比较。通过单一提取步骤,设计的测定法提高了提取效率和良好的色谱选择性。除胆固醇($0.2~\mu g \cdot mL^{-1}$)外,血清类固醇的定量限为 $0.2 \sim 5~ng \cdot mL^{-1}$,校准曲线的相关系数均高于 0.99。精度和准确度分别为 1.4% ~ 10.5% 和 82.7% ~ 115.3%。30 种类固醇的总回收率为 62.1% ~104.3%,而 7 种甾醇的回收率为 44.7% ~75.7%。经过采用该验证方法监测小鼠血清类固醇水平,可以区别出性别和年龄。

Ma 等通过基于 GC - MS 的血清代谢组学测定和传统营养评估,比较了以棕榈油(PO)和橄榄油(OO)为主要膳食脂质来源的蟹的代谢差异。饲喂 OO 的蟹显示出肝脏胰腺中的脂质积累和氧化应激低于饲喂 PO 的蟹。在代谢组学测定中,鉴定了 68 个具有高可信度的代谢产物,并且两个进食组之间的 5 个代谢产物显著不同。在这五种代谢产物中,OO 组中羟胺、3 - 羟基丙酸和 2 - 羟基吡啶较高,而 PO 组中赖氨酸和瓜氨酸较高。我们证明橄榄油通过提供更多的能量,改善细胞膜结构,含有酚作为天然抗氧化剂,以及改善肠道微生物群的组成,可以为螃蟹提供全面的益处。相反,富含棕榈酸的棕榈油倾向于增加蛋白质降解和脂质积累诱导的脂毒性。贺绍君等运用气相色谱—质谱联用(GC - MS)技术分析急性热应激肉鸡血清物质代谢组学变化,鉴定出差异代谢产物和差异代谢通路,从代谢组学层次揭示肉鸡急性热应激的营养物质代谢途径变化的发生机制。在肉鸡血清中共检测到 144 种代谢产物,筛选出 30 种差异代谢产物[变量权重值(VIP)>1,$P<0.05$]。其中延胡索酸、羟丁酸、丙氨酸等 14 种代谢产物含量上调[差异倍数(FC)>1],草酸、苹果酸、二羟基丙酮等 16 种代谢产物含量下调($FC<1$)。代谢通路富集分析表明机体三羧酸循环、半乳糖代谢、丙酸代谢、脂肪酸生物合成等代谢通路发生显著改变($P<0.05$ 或 $P<0.01$)。

吴琪等通过气相色谱—质谱联用(GC - MS)技术分析 a P2 - n SREBP - 1c 脂肪萎缩小鼠血浆代谢谱的变化,研究与其密切相关的差异代谢产物与代谢通路,探讨其生物学基础。实验结果显示与野生型(wild - type,WT)小鼠比较,转基因(transgenic,TG)小鼠血浆中乳酸、L - 缬氨酸、3 - 羟基丁酸、尿素、d - 半乳糖、D - 阿洛糖、硬脂酸、棕榈酸、肌醇、油酸、11 - 十八碳烯酸含量增加。代谢通路富集分析发现 3 条脂肪萎缩相关通路,通过对 a P2 - n SREBP - 1c 小鼠血浆代谢组学分析,发现缬氨酸、亮氨酸和异亮氨酸的生物合成,丙酮酸代谢、磷酸肌醇代谢途径与脂肪萎缩相关。杨秀娟等采用盐酸肾上腺素加冰水浴建立急性血瘀大鼠模型,使用超高效液相色谱—四极杆飞行时间质谱(UPLC – Q – TOF / MS)检测空白对照组与血瘀模型组中血浆代谢产物,与对照组相比,在血瘀模型组大鼠血浆中检测出 46 个差异代谢产物,血瘀模型组中乙酰胆碱、N6,N6,N6 – 三甲基 – L – 赖氨酸、胞嘧啶、乙酰肉碱等 21 个代谢产物显著上调,吲哚丙酸、Lyso PC(14∶0)等 25 个代谢产物显著下调,可能与脂质代谢、半乳糖代谢、亚油酸代谢、不饱和脂肪酸生物合成、糖酵解、花生四烯酸代谢等通路有关。

2.4.3.3　动物组织中药物残留

周召千等建立了测定动物源产品中双甲脒及其代谢产物残留量的气相色谱—质谱法,样品中的双甲脒经酸水解,碱化后用正己烷—乙醚(2 + 1,v/v)溶剂提取,酸碱液液分配净化,气相色谱—质谱检测和确证,外标法定量。结果表明,双甲脒的室内回收率在 74.2% ~ 95.2% 之间,方法的测定低限为 0.01 mg/kg;齐士林等将样品用乙酸乙酯和氢氧化钠溶液提取,OasisHLB 柱富集净化,超高效液相色谱—电喷雾串联四极杆质谱仪检测,采用多反应监测正离子模式,可以一次性对动物源性食品中的吩噻嗪类药物氯丙嗪、异丙嗪及其代谢产物氯丙嗪亚砜和异丙嗪亚砜进行定性和定量测定,该方法在 1 ~ 100 μg/L 范围具有良好的线性,回收率为 76% ~ 96% ,定量下限($S/N > 10$)为异丙嗪 5 μg/kg,氯丙嗪、氯丙嗪亚砜、异丙嗪亚砜 1 μg/kg 。检出限($S/N = 3$)为异丙嗪 1.5 μg/kg,氯丙嗪、氯丙嗪亚砜、异丙嗪亚砜 0.3 μg/kg 。

谢建军等建立了动物源性食品(鱼肉、鸡肝、猪肉、虾肉、牛肉)中杀虫脒及其代谢产物 4 – 氯邻甲苯胺残留的气相色谱—质谱联用(GC – MS)检测方法。样品在碱性条件下(pH ≥11.0),采用乙酸乙酯均质提取,提取液经石墨化炭黑(GCB SPE,250 mg/3 mL)和中性氧化铝固相萃取柱(Al₂O₃ SPE,2.0 g /3 mL)净化,GC – MS 检测和确证。杀虫脒及其代谢产物 4 – 氯邻甲苯胺混合标准溶液的质量浓度在 10 ~ 500 μg/L 范围内线性关系良好,相关系数(r)分别为 0.9991 和 0.9987,其回收率分别在 81% ~ 119% 和 80% ~ 119% 之间,相对标准偏差($RSD,n = 6$)分别为 1.1% ~ 11.7% 和 2.0% ~ 13.7% ,方法的定量下限(LOQ)均为 10.0 μg/kg。赵善贞等建立了采用液相色谱—串联质谱(LC – MS/MS)同时测定动物源食品中氯霉素、甲砜霉素、氟苯尼考以及氟苯尼考胺残留量的方法。三类胺苯醇类药物及其代谢产物用氨化乙酸乙酯(97 + 3 v/v)提取,C 18 小柱净化;其中氯霉素、甲砜霉素、氟苯尼考用内标法定量,氟苯尼考与氟苯尼考胺用外标法定量。方法的定量测定低限氯霉素为 0.1 μg/kg ,甲氟霉素、氟苯尼考胺为 1.00 g/kg ,各基质的加标平均回收率在 73.8% ~120.5% 之间,相对标

准偏差 ≤ 25% 。

黎翠玉等建立了高效液相色谱—电喷雾电离串联四级杆质谱测定动物源性食品中甲硝唑(MNZ)、地美硝唑(DMZ)、洛硝哒唑(RNZ)3 种硝基咪唑类化合物及 2 种代谢产物羟基甲硝唑 MNZOH(甲硝唑代谢产物)、1 – 甲基 – 5 – 硝基 – 2 – 羟甲基咪唑 HMMNI(地美硝唑代谢产物)残留量的检测方法,样品采用乙酸乙酯提取,甲醇和正己烷分配除脂,再经 HLB 固相萃取柱净化,采用高效液相色谱—串联质谱法在选择离子监测(MRM)正离子模式(ESI +)下检测,该方法在 0.1 ~ 100.0 μg/L 范围内具有良好的线性关系,相关系数 $r > 0.99$;赵凤娟等建立了动物组织中硝呋索尔代谢产物二硝基水杨酸肼(DNSAH)残留量的高效液相色谱—串联质谱检测方法(HPLC – MS/MS),试验结果表明在动物组织中,DNSAH 的定量下限为 0.5 μg/kg;线性范围为 0.5 ~ 5.0 μg/kg,加标回收率为 91% ~ 103% ,相对标准偏差为 3.7% ~ 13.6% ,证明该方法简便、快速、准确,各项技术指标满足国内外法规的要求,适用于动物组织中硝呋索尔代谢产物残留量的确证与检测。邓龙等建立了动物组织中氨基甲酸酯类杀虫剂及其代谢产物(共 16 种)残留的高效液相色谱—串联质谱分析方法,样品经乙腈提取、浓缩、净化,液相色谱串联质谱测定,内标法定量,16 种杀虫剂在 1.0 ~ 10 μg/L 范围内线性关系良好($r > 0.9959$),方法定量限为 0.5 ~ 2.5 μg/kg ,样品添加 5.0、10.0、20 μg/kg 时,加标回收率为 71.4% ~ 105.5% ,相对标准偏差为 3.2% ~ 13.7% 。

李晶佳等利用分散固相萃取技术,在超高效液相色谱与四级杆飞行时间质谱联用的基础上,建立快速分离、高通量的方法,对市售的动物源食品、牛奶和肉类进行雌激素类药物含量的检测。方法采用二级质谱进行精确质量数的定性,避免了假阳性。前处理所采用的 MSPD 前处理方法同时完成细胞破碎,除脂、分离和萃取纯化,并且成功地应用于实际样品的检测。检出限 0.1 ~ 0.8 μg/L,定量限 0.4 ~ 2.6 μg/L,在加标量为 10 μg/L、20 μg/L、50 μg/L、100 μg/L、500 μg/L时,回收率59% ~ 128.5%,标准偏差 1.2% ~ 23.1%。线性关系 0.9969 ~ 0.9999。通过对实际样品的检测,显示雌激素在脂肪含量较多的动物源食品中含量较多。在全脂牛奶和脱脂牛奶的检测过程中发现,全脂牛奶中雌激素的检出率达到了90% 以上,而黄油的雌激素含量在乳制品中也是最高的。根据食品营养成分表查出肉类中,猪肉的脂肪含量为 37 g/100 g 是牛肉的 8.8 倍,鸡肉的 3.93 倍,河虾的 7.5 倍。检测后得出,猪肉中的雌激素含量最高。

宁霄等建立了禽蛋、动物肌肉、内脏和蛋制品中氟虫腈及其代谢产物氟甲腈、氟虫腈砜、氟虫腈亚砜的超高效液相色谱—串联质谱(UPLC – MS/MS)检测方法,其结果表明,动物源性食品中氟虫腈、氟甲腈、氟虫腈砜、氟虫腈亚的平均加标回收率在 75.7% ~ 104.5% 之间,相对标准偏差在 1.3% ~ 10.4% 之间,检出限在 0.5 ~ 1.6 μg/kg 之间,定量限为 5.0 μg/kg,证明该方法快速、简便、灵敏度高、准确,可用于禽蛋、动物肌肉、内脏和蛋制品中氟虫腈及其 3 种代谢产物残留的同时测定。龙顺荣等用盐酸水解动物组织,酸性环境下用对硝基苯甲醛作衍生剂,离心过滤,SPE 富集纯化,采用超高效液相—串联质谱法测定动物组织中硝基呋喃类代谢产物残留量,采用梯度洗脱,5 min 内完成一次分离测定,采用 4 个同位素内标法定量,定量限为 0.1 ~ 0.5 μg/kg,加标回收试验 8 次,回收率为 90% ~ 110%,实验测定过程用时短,效果好,可节约分析成本。欧阳珊等建立了牛、猪肌肉和肝脏组织中卡巴氧(CBX)和喹乙醇(OQX)以及相关代谢产物——脱氧卡巴氧(DCBX)、喹噁啉 - 2 - 羧酸(QCA)和 3 - 甲基喹噁啉 - 2 - 羧酸(MQCA)残留的 LC - MS/MS 的检测方法,组织样品中的卡巴氧用乙腈—乙酸乙酯(体积比 1∶1)溶液提取,代谢产物的提取则是经适当处理后的样品加入 Protease 蛋白酶进行酶解,后采用阴离子交换固相萃取柱 OasisMAX 进行净化和富集,进行分离后,在 LC - MS/MS 多反应监测模式下进行定性、定量分析,采用正离子扫描,CBX、DCBX、QCA 和 MQCA 的定量下限均为 0.5 μg/kg,猪、牛肌肉和肝脏在 0.5 ~ 5.0 μg/kg 添加水平的平均回收率在 76% ~ 97% 之间,相对标准偏差($n=10$)在 2.9% ~ 16.9% 之间。彭涛等用高效液相色谱—串联质谱(LC - MS - MS)同时测定动物肌肉中呋喃唑酮、呋喃它酮、呋喃西林和呋喃妥因的代谢产物,实验采用电喷雾电离(ESI),正离子,选择反应监测(SRM)模式检测,根据 SRM 三离子确证原则,外标法定量,线性关系良好,分析物定性可信度更高,定量更准确,定量限为 0.1 ~ 0.5 ng/g,检测限为 0.05 ~ 0.1 ng/g,优于已有报道。

2.5　在其他方面的应用

程明川等采用超高效液相色谱和四极杆—静电场轨道阱(orbitrap)质谱联用技术结合代谢组学分析软件 Compound Discoverer 来分析和鉴定中国白酒中的化学成分,发掘可以用来区分酱香型、浓香型和清香型白酒的特征标记物,并通过建立数学模型来对该 3 种香型的白酒进行鉴别,实验结果表明,通过将实测二级谱图与理论谱图库比对可直接鉴定到白酒样品中的 57 种微量成分,共找到 18 个化合物可作为特征标记物来区分 3 种香型的白酒。

　　朱丽等建立了超高效液相色谱—线性离子阱/静电场轨道阱高分辨质谱（UHPLC – LTQ/Orbitrap HRMS）同时快速检测大米中 15 种营养成分（8 种维生素 E、6 种 γ – 谷维素及 β – 胡萝卜素）的方法。样品经过含 0.05%（v/v）2,6 – 二叔丁基 – 4 – 甲基苯酚（BHT）的甲醇溶液超声提取处理后,用 Poroshell 120 PFP 色谱柱（150 mm × 3.0 mm, 2.7 μm）分离,以 0.1%（v/v）甲酸水溶液和含 0.1%（v/v）甲酸的甲醇溶液为流动相,在正离子模式下通过 UHPLC – LTQ/Orbitrap HRMS 进行全扫描分析。15 种营养成分可在 13 min 内获得满意的分离效果。15 种营养成分在各自的线性范围内线性关系良好,相关系数（r）≥0.9950,15 种营养成分的检出限（$S/N = 3$）为 0.2 ~ 1.8 μg/L,定量限（$S/N = 10$）为 0.7 ~ 6.1 μg/L,在 3 个添加水平下的平均加标回收率分别为 73.2% ~ 101.5%,相对标准偏差（RSD）为 1.1% ~ 5.0%（$n = 3$）。

　　Hector 等提出了一种全球 HILIC 高分辨率质谱（HRMS）方法,该方法结合了酸性 pH ESI（ + ）和基本 pH ESI（ – ）模式的分析,以扩展 CSF 极性代谢组的覆盖范围。这种使用单一提取的方法能够注释和测量从认知健康的老年志愿者（$n = 32$）收集的脑脊液中广泛的中心碳代谢产物（参与糖酵解、TCA 循环、核苷酸、氨基酸和脂肪酸代谢）。运用精确质量、RT 和 MS / MS 标准实现代谢产物注释,可表征 146 种可测量的代谢产物。对特征性个体 CSF 概况的探索发现有趣的性别相关差异,男性和更高牛磺酸水平的女性的酰基肉碱水平显著更高。

　　Wu 等使用转录组和代谢组分析,在敌敌畏存在下全面研究了 Trichoderma asperellum TJ01 中一级和二级代谢的变化。一种新的 C2H2 锌指蛋白基因锌指嵌合体 1（zfcl）被发现在敌敌畏胁迫下与大量氧化还原酶基因和 ABC 转运蛋白基因一起被上调。此外,气相色谱—质谱（GC – TOF – MS）和液相色谱—质谱（LC – QQQ – MS）数据揭示了在敌敌畏胁迫下 T. asperellum TJ01 中发生的全局一级和二级代谢变化。实验结果提出了 T. asperellum TJ01 对敌敌畏的耐受机制。此外,分析了敌敌畏的吸收和残留,为阐明 T. asperellum TJ01 降解农药残留的机理奠定了基础。

　　灵芝菌丝体（GLP）的多糖可以改善肠屏障功能,调节肠道免疫力并调节肠道微生物群,Jin 等用 GLP 通过口服给予大鼠（100 mg/kg 体重,21d）来研究由 GLP 诱导的盲肠内容物的代谢组学分析,对其进行气相色谱—光/质谱（GC – TOF/MS）时间以鉴定代谢产物,然后进行生物标志物和途径分析。表征了显著不同的代谢产物,主要涉及维生素 B6 代谢、嘧啶代谢、果糖和甘露糖代谢,以及丙氨酸、天冬氨酸和谷氨酸代谢。鉴定的显著不同的代谢产物与肠免疫功能的改善和肠道微生物群的调节有关。研究结果证明灵芝菌丝体多糖的健康有益特性提供了潜在的代谢机制,可用作调节肠道功能的功能性药物。

Xu 等使用 PacBio SMRT 测序和飞行时间质谱(GC－TOF/MS)研究了使用或不使用同型发酵的植物乳杆菌和异型发酵的布氏乳杆菌接种的玉米青贮饲料中基于物种水平的微生物群落和代谢组,实验共检测到 979 种物质,鉴定出 316 种不同的代谢产物。在整株玉米青贮饲料中检测到一些具有抗菌活性的代谢产物,如儿茶酚、3－苯基乳酸、4－羟基苯甲酸、壬二酸、3,4－二羟基苯甲酸和 4－羟基肉桂酸。在本研究中检测到具有抗氧化性质的儿茶酚、邻苯三酚和阿魏酸,具有神经活性的 4－羟基丁酸酯和具有降低胆固醇作用的亚油酸。此外,在该研究中还发现了肉豆蔻酸的调味剂和苯乙胺的抑制缓解物质。与未处理的样品相比,用接种物处理的样品呈现出更多的有机酸、氨基酸和酚酸的生物功能代谢产物。

Li 等的研究旨在开发和整合二次电喷雾电离(SESI)装置,结合目标串联质谱(MS/MS)和混合代谢组学技术,全局优化的靶向质谱(GOT－MS),灵敏地检测挥发性代谢产物。建立了具有相当数量的靶向代谢产物/特征的两个 SESI－串联质谱板(靶向 SESI－MS/MS 组中的 77 种化合物和 SESI－GOT－MS/MS 组中的 75 种特征)。检测 SESI－GOT－MS/MS 方法的分析性能及其生物学能力,与目标 SESI－MS/MS 方法相比,SESI－GOT－MS/MS 方法检测到相似数量的代谢特征,具有良好的重现性(变异系数 < 10%)。实验结果证明 SESI－MS/S 与靶向或 GOT 方法相结合可以成为监测肠道微生物代谢及其对扰动反应的有用工具。

Batushansky Albert 等研究确定了禁食期间持续存在的心脏果糖－2,6－二磷酸水平如何影响代谢组学特征。实验采用将表达组成型活性形式的 PFK－2[Glyco(Hi)]的对照和转基因小鼠进行 12 h 禁食或定期喂食。动物(每组 $n = 4$)用于全心脏提取,然后进行气相色谱—质谱法代谢分析和多变量数据分析。主要成分分析显示在禁食和进食条件下对照组和 Glyco(Hi)组之间的差异。仅对对照动物观察到对禁食的明确反应。然而,途径分析显示,Glyco(Hi)组中的这些较小变化与支链氨基酸(BCAA)代谢显著相关(类似于所有 BCAA 增加 40%)。相关网络分析显示在大多数参数中对照和 Glyco(Hi)组之间禁食的响应明显不同。而且值得注意的是,禁食导致对照组的网络密度从 0.12 增加到 0.14,而 Glyco(Hi)组反应相反(0.17→0.15)。结论禁食期间升高的心脏 PFK－2 活性选择性地增加 BCAAs 水平并减少代谢的全局变化。

2.6　展望

随着现代分析技术的快速发展以及数据处理软件的不断完善,代谢组学的发展将会更迅速,应用范围更广泛。临床疾病诊断、植物学、药物毒性评价和营养科学将从代谢指纹图谱研究中大大受益。此外,代谢组学技术还可用于微生物和植物表型的快速鉴定,并可以指导开发具有重要应用价值的新型代谢产物。与人群流行病学研究相结合,代谢组学研究疾病全过程也将从系统生物学角度进一步推动阐明疾病机制。

目前磁共振(NMR)、色谱、质谱、色谱和质谱联用技术、红外光谱和毛细管电泳等方法已经用于代谢组学分析和检测,其中液质联用(LC – MS)、气质联用(GC – MS)和 NMR 最有代表性。LC – MS 适用于各种不同组分的样品,但由于没有化合物谱库,因此分配组分更加困难。GC – MS 适用于挥发性和热稳定的组分,但大多数内源性物质和中草药成分不会挥发或热不稳定,所以通常需要衍生样品将其转化为挥发性组分。GC – MS 的优点是 GC – MS 化合物库可以回收,化学成分相对容易识别。NMR 测试样品不需要烦琐的处理,具有更高的通量和更低的单位样品检测成本,而且 NMR 样本是非侵入性和非偏见的。但 NMR 灵敏度低,动态范围有限,主要用于检测尿液和血液。

每种分析平台都存在自身的局限性,如定性过程复杂、难以实现全部代谢产物的定量分析及准确性不足等许多关键问题仍然有待解决。将多种分析技术的代谢组学数据进行整合,既可提供更全面的代谢产物轮廓信息,使结果更完善,也使不同分析技术的结果得到互相验证,达到分析平台优势互补。

参考文献

[1] NICHOLSON K, LINDON JC, HOLMES E. "Metabonomics": understand – ing the metabolic responses of living systems to patho physiologicalstimuli via multi – variate statistical analysis of biologicalNMR spectro – scopic data [J]. Xenobiotica, 1999, 29 (11): 1181 – 1189.

[2] 刘伟, 寇国栋. 代谢组学研究技术及其应用概述[J]. 生物学教学, 2018 (9).

[3] GIKA H G, WILSON I D, THEODORIDIS G. LC – MS – based methodology

for global metabolite profiling in metabonomics/metabolomics[J]. Trac Trends in Analytical Chemistry, 2008, 27(3):251-260.

[4]DE VOS R C, MOCO S, LOMMEN A, et al. Untargeted large-scale plant metabolomics using liquid chromatography coupled to mass spectrometry [J]. Nature Protocols, 2007, 2(4):778-791.

[5]戴宇樵,吕才有. 代谢组学技术在茶学中的应用研究进展[J]. 江苏农业科学, 2019, 47(2):24-28.

[6]徐滢,侯桂兰,周俐斐,等. 代谢组学在临床医药研究中的应用概述[J]. 中国药师, 2018, 21(9):155-157.

[7]董方霆. 质谱在代谢组学中的应用[C]. 分析仪器应用技术报告会, 2007.

[8]许国旺. 质谱在代谢组学中的应用:机会和挑战[C]. 中国化学会首届全国质谱分析学术研讨会会议论文集, 2014.

[9]王魏魏,姜婷,李春雨,等. 长时间低浓度二硫化碳暴露后工人血液中的代谢组学分析[C]. 编委会会议暨江苏国际医疗器械科技博览会学术, 2015.

[10]RAJALAHTI T, LIN C, MJ S S A, et al. Changes in serum fatty acid and lipoprotein subclass concentrations from prepuberty to adulthood and during aging [J]. Metabolomics, 2016, 12(3):51.

[11]YIN X, GIBBONS H, RUNDLE M, et al. Estimation of Chicken Intake by Adults Using Metabolomics - Derived Markers [J]. The Journal of Nutrition, 2017.

[12]CHEN G Y, ZHONG W, ZHOU Z, et al. Simultaneous determination of tryptophan and its 31 catabolites in mouse tissues by polarity switchingUHPLC - SRM - MS[J]. Analytica Chimica Acta, 2018.

[13] DE LA FUENTEAG, TRALDI F, SIROKA J, et al. Characterization and annotation of oxidized glycerophosphocholines for non - targetedmetabolomics with LC - QTO F - MS data[J]. Analytica Chimica ACTA, 2018, 1037: 358 - 368.

[14]ZHAO C, NIU M, SONG S, et al. Serum metabolomics analysis of mice that received repeated airway exposure to a water - soluble PM2. 5 extract [J]. Ecotoxicology and Environmental Safety, 2019, 168:102-109.

[15]蔡娜,谢云,马晓萍,等. 串联质谱技术在新生儿遗传代谢病筛查中的临床应用研究[J]. 现代生物医学进展, 2017(17):6087.

［16］王洋，孙梅. 基于气相色谱—质谱联用技术对婴儿肝炎综合征及先天胆道闭锁的代谢组学研究［C］. 全国儿童消化系统疾病学术会议，2014.

［17］FATTUONI C，PALMAS F，NOTO A，et al. Primary HCMV infection in pregnancy from classic data towards metabolomics：An exploratory analysis［J］. Clinica Chimica Acta，2016，460：23 – 32.

［18］李思涛，黄小玲，吴时光，等. 极低出生体重早产儿尿代谢组学研究［J］. 中华儿科杂志，2017，55(6)：434 – 438.

［19］MOUTLOATSE G P，SCHOEMAN J C，ZANDER LINDEQUE，et al. Metabolic risks of neonates at birth following in utero exposure to HIV – ART：the amino acid profile of cord blood［J］. Metabolomics，2017，13(8).

［20］WALKER DI，PERRY – WALKER K，FINNELL RH，et al. Metabolome – wide association study of anti – epileptic drug treatment during pregnancy［J］. Toxicology and Applied Pharmacology，2019，363：122 – 130.

［21］黄海军. 肝病患者粪便上清代谢组学研究及肠道菌群对代谢的影响［D］. 浙江大学，2010.

［22］杜振华，张磊，刘树业. 液相色谱—质谱联用系统在肝硬化不同阶段代谢轮廓研究中的应用［J］. 色谱，2011，29(4)：314 – 319.

［23］史栋栋，况媛媛，王桂明，等. 细胞代谢组学用于羽扇豆醇干预人乳腺癌细胞 MCF – 7 的机理探究［J］. 色谱，2014，32(3)：278 – 283.

［24］曾平燕，张宇，芮雯，等. 2 型糖尿病模型大鼠血浆磷脂的 UPLC – Q – TOF/MS 分析［J］. 药学学报，2015(7)：882 – 886.

［25］高山山. 基于 UPLC Q – TOF/MS 的丹参中单体化合物抗炎作用的代谢组学研究［D］. 2017.

［26］孔宏伟，王静，袁子民，等. 基于气相色谱—质谱联用的代谢组学用于黄连治疗 II 型糖尿病的机理探索［J］. 色谱，2012，30(1)：8 – 13.

［27］TAY – SONTHEIMER J，SHIREMAN L M，BEYER R P，et al. Detection of an endogenous urinary biomarker associated with CYP2D6 activity using global metabolomics［J］. Pharmacogenomics，2014，15(16)：1947 – 1962.

［28］GKOUROGIANNI A，KOSTERIA I，TELONIS A G，et al. Plasma Metabolomic Profiling Suggests Early Indications for Predisposition to Latent Insulin Resistance in Children Conceived by ICSI［J］. PLOS ONE，2014，9.

［29］FAN Y，LI Y，CHEN Y，et al. Comprehensive Metabolomic Characterization of Coronary Artery Diseases[J]. Journal of the American College of Cardiology, 2016,68(12):1281 – 1293.

[30]WANG H , LIANG S , WANG M , et al. Potential serum biomarkers from a metabolomics study of autism[J]. Journal of Psychiatry & Neuroscience Jpn, 2016,40(5):140009.

[31]崔广波,刘晓昕. 基于气相色谱—质谱的代谢组学技术研究紫杉醇诱导的卵巢癌 A2780 耐药株的生物标志物[J]. 南京工业大学学报(自然科学版), 2016,38(1):111 – 116.

[32]LI H H , PAN J L , HUI S , et al. High – throughput metabolomics identifies serum metabolic signatures in acute kidney injury using LC – MS combined with pattern recognition approach[J]. RSC Advances, 2018,8(27):14838 – 14847.

[33]CAO J , MI Y , SHI C , et al. First – line anti – tuberculosis drugs induce hepatotoxicity: A novel mechanism based on a urinary metabolomics platform [J]. Biochemical and Biophysical Research Communications, 2018.

[34]YAN H , XIAOJIAN Z , YU S . LC – MS – based plasma metabolomics reveals metabolic variations in ovariectomy – induced osteoporosis in female Wistar rats [J]. RSC Advances, 2018,8(44):24932 – 24941.

[35]NISHIUMI S, IZUMI Y, YOSHIDA M, et al. Alterations in Docosahexaenoic Acid – Related Lipid Cascades in Inflammatory Bowel Disease Model Mice[J]. Digestive Diseases and Sciences, 2018,63(6): 1485 – 1496.

[36]杨术鹏, 王莹, 李彦伸,等. 超高效液相色谱串联四级杆/飞行时间质谱仪鉴定喹赛多在鸡体内代谢研究[J]. 中国畜牧兽医, 2013,40(3):11 – 18.

[37]安卓玲, 史忱, 赵瑞,等. 基于超高效液相色谱—质谱的药物性肝损伤患者血清代谢组学研究[J]. 分析化学, 2015(9):1408 – 1414.

[38]SUI Z , LI Q , ZHU L , et al. An integrative investigation of the toxicity of Aconiti kusnezoffii radix and the attenuation effect of its processed drug using a UHPLC – Q – TOF based rat serum and urine metabolomics strategy[J]. Journal of Pharmaceutical and Biomedical Analysis, 2017,145:240 – 247.

[39]XIAOYAN G , LINGLING Q , ZHIXIN Z , et al. Deciphering biochemical basis of Qingkailing injection – induced anaphylaxis in a rat model by time – dependent metabolomic profiling based on metabolite polarity – oriented analysis [J]. Journal of Ethnopharmacology, 2018,225:287 – 296.

［40］ OLESTI EULÀLIA, RODRíGUEZ － MORATÓ JOSE, ALEX G G , et al. Quantification of endogenous neurotransmitters and related compounds by liquid chromatography coupled to tandem mass spectrometry［J］. Talanta, 2019, 192: 93 － 102.

［41］王希越, 高鹏, 许国旺. 亲水作用色谱∕质谱联用方法用于大肠杆菌代谢组分析［J］. 色谱, 2014（10）.

［42］ZHONG F , XU M , METZ P , et al. A quantitative metabolomics study of bacterial metabolites in different domains［J］. Analytica Chimica Acta, 2018.

［43］ZHOU J , TANG L , WANG J S . Assessment of the adverse impacts of aflatoxin B1 on gut － microbiota dependent metabolism in F344 rats［J］. Chemosphere, 2018.

［44］汪晋, 张玉峰, 邵青, 等. 三七总皂苷对急性心肌缺血大鼠血清代谢产物组的影响研究［J］. 中国中药杂志, 2010, 35（23）.

［45］戴伟东, 张凤霞, 贾振华, 等. 基于液相色谱—质谱联用技术的代谢组学方法用于中药通心络和人参对过度疲劳大鼠干预作用的评价［J］. 色谱, 2011, 29（11）:1049 － 1054.

［46］陈汀, 姚卫峰, 张丽, 等. 基于超高效液相色谱—飞行时间质谱的 CCl_4 诱导肝损伤小鼠血浆代谢组学研究［J］. 中国实验方剂学杂志, 2010, 16（18）: 98 － 101.

［47］杨琪伟, 杨莉, 熊爱珍, 等. 赤芍和白芍抗炎作用的 UPLC － MS 代谢组学初步研究［J］. 中国中药杂志, 2011, 36（6）:694 － 697.

［48］ LEE S J , WOO S I , AHN S H , et al. Functional interpretation of metabolomics data as a new method for predicting long － term side effects: treatment of atopic dermatitis in infants［J］. Sci Rep, 2014, 4（4）:7408.

［49］谢晶, 张丽, 曾金祥, 等. 基于 UPLC － Q － TOF － MS∕MS 技术的短管兔耳草化学成分快速识别研究［J］. 中国中药杂志, 2017, 42（11）:2123 － 2130.

［50］秦伟瀚, 阳勇, 李卿, 等. 基于植物代谢组学方法的马钱子油炸炮制前后化学差异研究［J］. 天然产物研究与开发, 2019（2）:240 － 249.

［51］张凤美. 急性心肌梗死患者血清代谢标志物的筛选研究［D］. 天津医科大学, 2013.

［52］ZHENG J , MANDAL R , WISHART D S . A sensitive, high － throughput LC － MS∕MS method for measuring catecholamines in low volume serum［J］. Analytica Chimica Acta, 2018.

［53］徐飞. 不同抗性水稻植株感染 RSV 后的代谢轮廓分析［D］. 福建农林大学，
2009.

［54］SATO D，AKASHI H，SUGIMOTO M，et al. Metabolomic profiling of the
response of susceptible and resistant soybean strains to foxglove aphid,
Aulacorthum solani Kaltenbach［J］. Journal of Chromatography B，2013，925：
95 – 103.

［55］PENG L，ZHAO Y，WANG H，et al. Comparative metabolomics of the
interaction between rice and the brown planthopper［J］. Metabolomics，2016，
12(8)：132.

［56］何秀全，谭德冠，孙雪飘，等. 应用 GC – MS 技术分离鉴定木薯叶片代谢产
物的极性组分［J］. 热带作物学报，2012，33(3)：422 – 426.

［57］WENZEL A，FRANK T，REICHENBERGER G，et al. Impact of induced
drought stress on the metabolite profiles of barley grain［J］. Metabolomics，
2015，11(2)：454 – 467.

［58］CORREIA B，VALLEDOR L，HANCOCK R D，et al. Integrated proteomics
and metabolomics to unlock global and clonal responses of Eucalyptus globulus
recovery from water deficit［J］. Metabolomics，2016，12(8)：141.

［59］GOUFO P，MOUTINHOPEREIRA J M，JORGE T F，et al. Cowpea (Vigna
unguiculataL. Walp.) Metabolomics：Osmoprotection as a Physiological Strategy
for Drought Stress Resistance and Improved Yield［J］. Frontiers in Plant
Science，2017，8：586.

［60］ZHANG J，CHEN G，ZHAO P，et al. The abundance of certain metabolites
responds to drought stress in the highly drought tolerant plant Caragana
korshinskii［J］. Acta Physiologiae Plantarum，2017，39(5)：116.

［61］RABARA R C，PRATEEK T，RUSHTON P J. Comparative Metabolome
Profile between Tobacco and Soybean Grown under Water – Stressed Conditions
［J］. BioMed Research International，2017：1 – 12.

［62］KHAN N，BANO A，RAHMAN M A，et al. UPLC – HRMS based Untargeted
Metabolic Profiling Reveals Changes in Chickpea (Cicer arietinum) Metabolome
following Long – Term Drought Stress［J］. Plant Cell & Environment，2018.

［63］赵秀琴，张婷，王文生，等. 水稻低温胁迫不同时间的代谢产物谱图分析
［J］. 作物学报，2013，39(4).

［64］HOCHBERG U, BATUSHANSKY A, DEGU A, et al. Metabolic and Physiological Responses of Shiraz and Cabernet Sauvignon（Vitis vinifera L.）to Near Optimal Temperatures of 25℃ and 35℃［J］. International Journal of Molecular Sciences, 2015, 16(10):24276 – 24294.

［65］DAI Y, CHEN B, MENG Y, et al. Effects of elevated temperature on sucrose metabolism and cellulose synthesis in cotton fibre during secondary cell wall development［J］. Functional Plant Biology, 2015, 42(9):909.

［66］CHEN J , LI M , YANG R , et al. Profiling lipidome changes of Pyropia haitanensisin short – term response to high – temperature stress［J］. Journal of Applied Phycology, 2016, 28(3):1903 – 1913.

［67］GALL H L , JEAN - XAVIER FONTAINE, ROLAND MOLINIÉ, et al. NMR - based Metabolomics to Study the Cold - acclimation Strategy of Two Miscanthus Genotypes［J］. Phytochemical Analysis Pca, 2017, 28(1):58.

［68］KIET H V, NOSE A. Effects of temperature on growth and photosynthesis in the seedling stage of the sheath blight – resistant rice genotype 32R［J］. Plant Production Science, 2016, 19(2):246 – 256.

［69］CHEN D , YAN X , XU J , et al. Lipidomic profiling and discovery of lipid biomarkers in Stephanodiscussp. under cold stress［J］. Metabolomics, 2013, 9 (5):949 – 959.

［70］GUO R, YANG Z, LI F, et al. Comparative metabolic responses and adaptive strategies of wheat（Triticum aestivum）to salt and alkali stress［J］. Bmc Plant Biology, 2015, 15(1):170.

［71］TERCÉ – LAFORGUE, THÉRÈSE, CLÉMENT, GILLES, MARCHI L , et al. Resolving the Role of Plant NAD – Glutamate Dehydrogenase：Ⅲ. Overexpressing Individually or Simultaneously the Two Enzyme Subunits Under Salt Stress Induces Changes in the Leaf Metabolic Profile and Increases Plant Biomass Production［J］. Plant and Cell Physiology, 2015, 56(10):1918 – 1929.

［72］YANG D S , ZHANG J , LI M X , et al. Metabolomics Analysis Reveals the Salt – Tolerant Mechanism in Glycine soja ［J］. Journal of Plant Growth Regulation, 2017, 36(2):460 – 471.

［73］NAVARRO – REIG M , JAUMOT J , PINA B , et al. Metabolomic analysis of the effects of cadmium and copper treatment in Oryza sativa L. using untargeted liquid chromatography coupled to high resolution mass spectrometry and all – ion fragmentation[J]. Metallomics, 2017.

[74]ZHANG Y , WANG Y , DING Z , et al. Zinc stress affects ionome and metabolome in tea plants[J]. Plant Physiology and Biochemistry, 2017, 111: 318 – 328.

[75]ZHENG W, KOMATSU S, ZHU W, et al. Response and Defense Mechanisms of Taxus chinensis Leaves Under UV – A Radiation are Revealed Using Comparative Proteomics and Metabolomics Analyses [J]. Plant & Cell Physiology, 2016, 57(9):pcw106.

[76]JUMTEE K , OKAZAWA A , HARADA K , et al. Comprehensive metabolite profiling of phyA phyB phyC triple mutants to reveal their associated metabolic phenotype in rice leaves[J]. Journal of Bioscience & Bioengineering, 2009, 108(2):151 – 159.

[77]郑海英,张冬青,赵晓丹. 代谢组学法研究转录因子SINAC4对番茄果实代谢产物的影响[J/OL]. 食品科学, 2019:1 – 9.

[78]GUANG – LIN J , LIN – FANG H , FENG – MEI S , et al. Correlation between ginsenoside contents in Panax ginseng roots and ecological factors,and ecological division of ginseng plantation in China[J]. Chinese Journal of Plant Ecology, 2012, 36(4):302 – 312.

[79]王东,闫思月,贾春虹,等. 分散固相萃取/超高效液相色谱—串联质谱法测定玉米和土壤中噻酮磺隆—异噁唑草酮及其代谢产物残留[J]. 分析测试学报, 2017(3):70 – 75.

[80] SADE D, SHRIKI O, CUADROS – INOSTROZA A, et al. Comparative metabolomics and transcriptomics of plant response to Tomato yellow leaf curl virus infection in resistant and susceptible tomato cultivars[J]. Metabolomics, 2015, 11(1):81 – 97.

[81] HAN S, MICALLEF S A. Environmental metabolomics of the plant surface provides insights on Salmonella enterica colonization of tomato[J]. Applied & Environmental Microbiology, 2016, 82(10):3131 – 3142.

[82] ELOH K, SASANELLI N, MAXIA A, et al. Untargeted Metabolomics of Tomato Plants after Root – Knot Nematode Infestation [J]. Journal of Agricultural & Food Chemistry, 2016, 64(29):5963.

[83]SCANDIANI M M，LUQUE A G，RAZORI M V，et al. Metabolic profiles of soybean roots during early stages of Fusarium tucumaniae infection[J]. Journal of Experimental Botany，2015，66(1):391 – 402.

[84]刘慧. 水稻呼吸相关代谢产物的亲水作用色谱—串联质谱测定方法研究 [D]. 中国农业科学院，2011.

[85]何秀全，谭德冠，孙雪飘，等. 应用 GC – MS 技术分离鉴定木薯叶片代谢产物的极性组分[J]. 热带作物学报，2012，33(3):422 – 426.

[86]程芳. 十种常见食品过敏原基因复合 PCR 检测方法的建立和不同玉米品种代谢组学差异分析[D]. 上海师范大学，2013.

[87]郭广君，高建昌，王孝宣，等. 不同番茄种质叶表次生代谢产物质[J]. 植物学报，2014，49(1):19 – 29.

[88]李思钒，胡朝阳，宋越，等. 不同提取液配方对水稻种子代谢组学研究的影响[J]. 中国农机化学报，2017，38(2):108 – 113.

[89]李东. 玉米籽粒代谢组的生化及遗传基础研究[D]. 华中农业大学，2016.

[90]陈路路，王中华，周帜，等. 基于液相色谱—串联质谱技术的新疆一枝蒿植物代谢组学分析方法研究[J]. 分析化学，2018，46(5).

[91]LEI Y，TIANTIAN Y，YA – LI B，et al. Profiling of potential brassinosteroids in different tissues of rape flower by stable isotope labeling – liquid chromatography/mass spectrometry analysis[J]. Analytica Chimica Acta，2018，1307:55 – 62.

[92]KIM N，KIM K，CHOI B Y，et al. Metabolomic Approach for Age Discrimination of Panax ginseng Using UPLC – Q – Tof MS[J]. Journal of Agricultural and Food Chemistry，2011，59(19):10435 – 10441.

[93]芮雯，冯毅凡，石忠峰，等. 不同产地黄芪药材的 UPLC/Q – TOF – MS 指纹图谱研究[J]. 药物分析杂志，2012(4):607 – 611.

[94]董茂锋，白冰，唐红霞，等. 高效液相色谱串联质谱法测定玉米及植株中胺唑草酮及其代谢产物[J]. 分析化学，2015，43(5).

[95]曹国秀，陆文捷，叶慧，等. 基于高分辨质谱和代谢组学技术对不同银杏叶制剂差异成分的快速分析[J]. 中国药科大学学报，2018(4):441 – 448.

[96]MANNA S K，PATTERSON A D，YANG Q，et al. Identification of Noninvasive Biomarkers for Alcohol – Induced Liver Disease Using Urinary Metabolomics and the \r, Ppara \r, – null Mouse[J]. Journal of Proteome

Research, 2010, 9(8):4176 - 4188.

[97] LAI Y S, CHEN W C, KUO T C, et al. Mass spectrometry – based serum metabolomics of a C57BL/6J mouse model of high – fat diet induced nonalcoholic fatty liver disease development [J]. Journal of Agricultural and Food Chemistry, 2015.

[98] CUI L, HOU J, FANG J, et al. Serum Metabolomics Investigation of Humanized Mouse Model of Dengue Virus Infection [J]. Journal of Virology, 2017,91(14).

[99] XIAOYAN G, LINGLING Q, ZHIXIN Z, et al. Deciphering biochemical basis of Qingkailing injection – induced anaphylaxis in a rat model by time – dependent metabolomic profiling based on metabolite polarity – oriented analysis [J]. Journal of Ethnopharmacology, 2018, 225:287 - 296.

[100] WEN – TING L, JIE L, SI – MIN ZHOU, et al. UHPLC – QTOFMS – Based Metabolomic Analysis of the Hippocampus in Hypoxia Preconditioned Mouse [J]. Original Researsh, 2019.

[101] HE M, HARMS A C, VAN WIJK E, et al. Role of amino acids in rheumatoid arthritis studied by metabolomics [J]. International Journal of Rheumatic Diseases, 2017.

[102] VETEL S, SÉRRIÈRE, SOPHIE, VERCOUILLIE J, et al. Extensive exploration of a novel rat model of Parkinson´s disease using partial 6 – hydroxydopamine lesion of dopaminergic neurons suggests new therapeutic approaches [J]. Synapse, 2018.

[103] 张志新, 郭明星, 秦玲玲, 等. 基于 UPLCQ – TOF/MS 技术揭示清开灵解热机制的大鼠血浆代谢组学研究 [C]. 中国化学会第 29 届学术年会摘要集——第 38 分会:质谱分析, 2014.

[104] RZAGALINSKI I, HAINZ N, MEIER C, et al. Spatial and molecular changes of mouse brain metabolism in response to immunomodulatory treatment with teriflunomide as visualized by MALDI – MSI [J]. Analytical and Bioanalytical Chemistry, 2018.

[105] 谷金宁, 牛俊, 皮子凤, 等. 尿液代谢组学方法研究人参总皂苷治疗糖尿病心肌病大鼠作用机制[J]. 分析化学, 2013, 41(3):371 - 376.

[106] YANG Y, DONG G, WANG Z, et al. Treatment of corn with lactic acid or

hydrochloric acid modulates the rumen and plasma metabolic profiles as well as inflammatory responses in beef steers[J]. BMC Veterinary Research, 2018, 14(1):408.

[107]孙玲伟,包凯,李影,等.奶牛临床和亚临床酮病的血浆代谢组学研究[J]. 中国农业科学,2014,47(8):1588-1599.

[108]王飞,李淑静,杨爽,等.高效液相色谱—串联质谱法检测动物血清、尿液 中硝基呋喃代谢产物残留[J].中国畜牧杂志,2018,54(7):125-129.

[109]MOON J Y, LEE H S, KIM J H, et al. Supported liquid extraction coupled to gas chromatography - selective mass spectrometric scan modes for serum steroid profiling[J]. Analytica Chimica Acta, 2018.

[110]QIAN - QIAN M, XIAO - DAN W, YAN - YAN C, et al. Untargeted GC - MS metabolomics reveals metabolic differences in the Chinese mitten - hand crab (\r, Eriocheir sinensis \r,) fed with dietary palm oil or olive oil[J]. Aquaculture Nutrition, 2018.

[111]贺绍君,丁金雪,李静,等. 基于气相色谱—质谱联用技术的急性热应激 肉鸡血清物质代谢组学研究[J]. 动物营养学报, 2018, v. 30(8): 245-253.

[112]吴琪,吴雅韵,韦世杰,等.基于气相色谱—质谱的脂肪萎缩小鼠血浆代谢 组学研究[J].世界中医药,2019,14(1):44-47,53.

[113]杨秀娟,杨志军,李硕,等.基于超高效液相色谱—四极杆飞行时间质谱联 用技术的血瘀模型大鼠血浆代谢组学分析[J].色谱,2019,37(1):71-79.

[114]YANG T, MEI H, XU D, et al. Early indications of ANIT - induced cholestatic liver injury:Alteration of hepatocyte polarization and bile acid homeostasis[J]. Food and Chemical Toxicology, 2017.

[115]周召千,丁慧瑛,吴娟,蒋晓英.动物源产品中双甲脒及其代谢产物残留量 的气相色谱—质谱法测定[J].农药研究与应用,2009,13(4):23-26.

[116]齐士林,吴敏,严丽娟,等. 超高效液相色谱—质谱对动物源食品中氯丙 嗪、异丙嗪及其代谢产物的测定[J]. 分析测试学报, 2009, 28(6): 677-681.

[117]谢建军,陈捷,何曼莉,等.气相色谱—质谱联用法测定动物源食品中的杀 虫脒及其代谢产物残留[J].分析测试学报,2012,31(11):1358-1364.

[118]赵善贞,邓晓军,郭德华,等. 采用液相色谱—串联质谱同时检测动物源

性食品中胺苯醇类药物及其代谢产物[J]. 分析试验室，2010，29(11)：74 – 79.

[119] 黎翠玉，吴敏，严丽娟，等. 高效液相色谱—串联质谱测定动物源性食品中硝基咪唑类药物及其代谢产物残留量[J]. 食品安全质量检测学报，2012，3(1)：17 – 22.

[120] 赵凤娟，肖陈贵，岳振峰，等. 动物组织中硝呋索尔代谢产物残留量的液相色谱串联质谱法测定[J]. 分析测试学报，2012，31(11)：1416 – 1420.

[121] 邓龙，郭新东，何强，等. 高效液相色谱—串联质谱法测定动物肌肉组织中氨基甲酸酯类杀虫剂及其代谢产物残留[J]. 食品科学，2012(4)：209 – 213.

[122] 李晶佳. UPLC/QTOFMS 高通量检测动物源食品中雌激素残留方法的建立及应用[D]. 内蒙古医科大学，2013.

[123] 宁霄，金绍明，高文超，等. QuEChERS – 超高效液相色谱—串联质谱法测定动物源性食品中氟虫腈及其代谢产物残留[J]. 分析化学，2018，v.46(8)：146 – 154.

[124] 龙顺荣，李炜正，王力清，等. 超高效液相—串联质谱法测定动物组织中硝基呋喃类代谢产物残留量[J]. 食品与机械，2007，23(6)：90 – 92.

[125] 欧阳姗，庞国芳，谢丽琪，等. 动物组织中卡巴氧和喹乙醇以及相关代谢产物的液相色谱—串联质谱检测方法[J]. 分析测试学报，2008，27(6)：590 – 594.

[126] 彭涛，邱月明，李淑娟，等. 高效液相色谱—串联质谱法测定动物肌肉中硝基呋喃类抗生素代谢产物[J]. 检验检疫学刊，2003，13(6)：23 – 25.

[127] SAULNIERBLACHE J S, WILSON R, KLAVINS K, et al. Ldlr –／– and ApoE –／– mice better mimic the human metabolite signature of increased carotid intima media thickness compared to other animal models of cardiovascular disease[J]. Atherosclerosis, 276：140 – 147.

[128] 程明川，姜川，杨宇，等. 基于高分辨质谱和代谢组学分析方法的白酒成分分析和香型鉴别[J]. 环境化学，2016(12)：2618 – 2621.

[129] 朱丽，谭微，彭祖茂，等. 超高效液相色谱—线性离子阱/静电场轨道阱高分辨质谱快速测定大米中 15 种营养成分[J]. 色谱，2017，35(9)：949 – 956.

[130] GALLART - AYALA, HECTOR, KAMLEH M A , HERNÁNDEZ - CASSOU,

SANTIAGO, et al. Ultra - high - performance liquid chromatography – high - resolution mass spectrometry based metabolomics as a strategy for beer characterization[J]. Journal of the Institute of Brewing, 2016, 122(3):430 – 436.

[131]QIONG W , MI N , GUISHENG W , et al. Omics for understanding the tolerant mechanism of Trichoderma asperellum TJ01 to organophosphorus pesticide dichlorvos[J]. BMC Genomics, 2018, 19(1):596.

[132] MINGLIANG J, HAO Z, JIAOJIAO W, et al. Response of intestinal metabolome topolysaccharides frommycelia of Ganoderma lucidum [J]. International Journal of Biological Macromolecules, 2018.

[133]DONGMEI X, WURONG D, WENCAN KE,et al. Modulation of Metabolome and Bacterial Community in Whole CropCorn Silage by Inoculating Homoferment – ative Lactobacillusplantarum and Heterofermentative Lactobacillus buchneri[J]. Original Researsh, 2019.

[134]HAORONG L, MENGYANG X, JIANGJIANG Z. Headspace Gas Monitoring of Gut Microbiota Using Targeted and Globally Optimized Targeted Secondary Electrospray Ionization Mass Spectrometry[N]. Analytical Chemistry, 2018.

[135]BATUSHANSKY A , MATSUZAKI S , NEWHARDT M F , et al. GC – MS metabolic profiling reveals fructose – 2,6 – bisphosphate regulates branched chain amino acid metabolism in the heart during fasting[J]. Metabolomics, 2019, 15(2):18.

[136] ZHU T , LIU X , WANG X , et al. Profiling and analysis of multiple compounds in rhubarb decoction after processing by wine steaming using UHPLC – Q – TO F – MS coupled with multiple statistical strategies [J]. Journal of Separation Science, 2016.

第3章 基于 GC – MS 联用技术分离和
鉴定东北马铃薯块茎中代谢产物

3.1 引言

代谢组学是对所有分子量小于 1000 的内源代谢产物进行系统研究的科学。为了深入了解生物系统的动态过程,并阐明功能,科研人员研究了个体对内外环境变化的生物反应的表型差异和个体之间的表型差异。该项研究揭示了个体代谢活动的本质,并提供了独特的机会,以实现提高目前与代谢产物和更普遍的功能基因组学相关的生物信息的地位的目的。代谢组学是通过分析机体体液和组织中内源代谢产物的光谱变化来研究整体生物学状态和基因功能调控的一种新技术。代谢产物是细胞调控过程的最终产物,与植物品种有关,其种类和数量的变化被认为是生物系统对遗传或环境变化的最终响应。分析化学中的各种仪器分析技术,包括磁共振波谱法、质谱法、色谱法、毛细管电泳等都应用于整体水平的代谢产物检测和分析,以期获得代谢组学数据。

基于气相色谱——质谱联用(GC – MS)的代谢分析平台具有高灵敏度、高分辨率、高分离能力、宽动态范围和商品化代谢产物标准谱库,并能提供一个母离子和大量片段离子,实现未知化合物或代谢产物的分子结构鉴定,已广泛应用于植物和微生物研究。在本研究中,我们提出了一种基于衍生化的 GC – MS 方法用于中国东北马铃薯(*Solanum tuberosum* L.)块茎(CNEPT)代谢产物的分离和鉴定。采用正交试验设计(OED)模型对提取条件进行优化。考察了水、甲醇、异丙醇、乙腈等提取溶剂及其混合溶剂、提取时间和提取温度对提取效率的影响。利用 NIST 14. lib 的质谱数据库和 GC/MS 数据库对不同品种马铃薯进行了质谱分析。研究了马铃薯代谢产物品种间的代谢产物差异。最后,对该方法的回收率、精密度、重复性和稳定性进行了评价。实验结果可为马铃薯的鉴别和品质评价提供依据。

黑龙江省是马铃薯生产大省,栽培历史悠久,资源优势突出,是国家重要的种薯和商品薯生产基地,省内马铃薯种植面积近 3 年连续保持在 420 万亩以上,马铃薯种植面积 10 万亩以上的县(市、区)发展到 11 个,种植面积最大的讷河市已经达到了 70 万亩,黑龙江省独具的种植优势、加工优势以及科研优势,使全省马铃薯产业实现了快速、健康发展。马铃薯加工产业围绕黑龙江省的中北部和西部马铃薯加工产业带进行建设,重点围绕齐齐哈尔、克山、嫩江、望奎、海伦等县和农垦齐齐哈尔、北安管理局,着重发展新建、改造马铃薯精深加工产业和休闲食品加工业。

近几年来,黑龙江省通过"走出去、请进来",采取"搭平台、发专列、办展会、建窖储、上加工、送服务、广宣传"等综合手段,带动了马铃薯全产业链的发展,共组织了 9 次马铃薯产销对接活动,每年都在福建省、广东省举办马铃薯产销对接活动,在产地举办农产品产销对接活动,发运南销专列 46 列,进一步拓展了外埠销售市场。在市场营销的牵动下,全省马铃薯加工业呈现快速发展的良好势头。全省马铃薯加工规模以上加工企业发展到 45 家,加工量稳定在 200 万吨以上。规模以上龙头企业 70% 的加工设备达到国际先进水平,淀粉提取率由 80% 提高到 90% 以上。农民通过直供直销获得了每斤 0.15 元以上流通差价,增收效果明显,2020 年,农民卖薯增收 50 亿元,拉动薯农人均增收 278 元。

根据当前国内外市场情况和发达国家的发展动向分析,我国马铃薯产业的主要发展趋势如下。

(1)实施以加工品种选优、脱毒、扩繁技术为基础的品种改良工程。我国的马铃薯品种繁多,由于以前作为"救命粮"或蔬菜,或作饲料,长期以来,不重视加工,所以我国的马铃薯适于加工的品种较少,因此培育加工专用品种刻不容缓。

(2)淀粉生产高质量、规模化。当前,我国马铃薯淀粉加工业存在两大突出问题:一是产品质次,不稳定;二是规模太,不能稳定供货。国内建设的一些淀粉生产企业在生产工艺、设备和管理上都存在不少问题,产品往往达不到设计生产能力和质量标准,淀粉提取率低,成本高,良莠不齐,因而为进口产品提供了良机。马铃薯淀粉应用领域广泛,质量要求各异,专用淀粉生产是未来需求所在,例如,高黏度马铃薯精淀粉和专用淀粉在国内外市场都供不应求。为此,高超的生产技术和现代化管理要求我国的马铃薯淀粉工业向规模大型化和技术现代化发展,生产向综合利用和深加工发展。

(3)变性淀粉的开发可跟上国际市场发展的需求。美国不断发展的淀粉工业表明,没有淀粉深加工就没有淀粉工业的发展。在欧洲,原淀粉的比重仅占淀粉与变性淀粉生产总量的 28%,其余都加工为淀粉糖和变性淀粉。目前世界上开发并已实际应用的深加工淀粉产品达 2 000 多种,我国仅有 50 多种。各种变性淀粉在食品加工、医药、水产饲料、石油钻探、纺织和造纸等工业中都有良好的应用效果。马铃薯变性淀粉中最主要的是预糊化淀粉,其次是阳离子淀粉和高吸水性淀粉,再次是糊精化淀粉、羟乙基淀粉或羟甲基淀粉,氧化淀粉也有少量应用。增大产量、增加品种、保证质量是我国马铃薯变性淀粉发展的必然,更是必要,否则只能在国际竞争市场上处于被动受挤的局面。

(4)以马铃薯全粉为基料的新型营养食品将会迅速发展。随着我国经济的不断发展,与欧美等国家的文化交流加深,未来一代人的饮食消费将发生很大的变化。马铃薯食品因具有味美、营养、卫生、食用方便、包装精美等特点,深受广大消费者的欢迎,且将占据食品的主导地位。马铃薯食品加工,特别是马铃薯全粉、炸马铃薯片和薯条、马铃薯脆片等的加工,在工业化国家很普及,我国市场销售也逐年增多。目前这些产品在国内属试产试销阶段,加工技术未完全掌握,产品质量较低,市场还未完全打开。

(5)保持并发挥传统特色。我国的传统马铃薯粉丝、粉条、粉皮及新开发的速食粉等仍将占领一定的市场。除这些产品拥有广阔的农村市场外,还应迎合需求市场的发展,注重开发方便快餐食品,占领更多的城市市场,以中国特色快餐的形象继续发展。

(6)对马铃薯综合加工工艺的研究及装备技术的攻关。国内马铃薯加工设备简陋、种类少、技术水平低、规模和产量小、成套性差,无法与先进国家相比。要参与马铃薯产业激烈的市场竞争,就应在引进先进的生产技术和设备的基础上逐步实施国产化,以先进的机械装备我国的马铃薯加工业。目前,先进国家的马铃薯深加工产品的生产,已开始采用全封闭的微机自动控制工艺,加工企业的数量在逐步减少,代之而起的是现代化的大型企业,实行规模化生产,总产量不断增加,这也是我国马铃薯加工业的发展方向。

(7)重点研究方向。

① 马铃薯脱毒和其他加工技术。

② 马铃薯淀粉全旋流生产工艺关键技术的研究,提高淀粉提取率和品质,实现自动化控制。

③ 高品质预糊化淀粉工业化生产技术及关键设备滚筒干燥机的研究,马铃薯氧化、阳离子淀粉的现代加工技术和工艺的研究,开发其他有市场前景的马铃薯变性淀粉。

④ 马铃薯颗粒全粉的现代生产技术和工艺,雪花粉的现代生产技术和工艺,马铃薯全粉食品的开发。

⑤ 发展以油炸马铃薯片和薯条、速冻薯条、复合薯片等为代表的现代马铃薯休闲、方便食品的加工技术和工艺,以及新型马铃薯食品的开发研制。

⑥ 马铃薯深加工过程中废水、废渣的综合利用。

总之,要充分利用有利条件,加快促进马铃薯产业化基地建设,提高马铃薯质量和种植面积,不断开发新产品和专品种种植,实现产品上档升级,以马铃薯主粮化战略为契机,努力打造马铃薯全产业链体系,以发展全粉、淀粉、变性淀粉、传统粉丝以及营养休闲系列产品为重点。

在本研究中,我们提出了一种基于衍生化的 GC - MS 方法用于中国东北马铃薯(Solanum tuberosum L.)块茎(CNEPT)代谢产物的分离和鉴定。采用正交试验设计(OED)模型对提取条件进行优化。考察了水、甲醇、异丙醇、乙腈等提取溶剂及其混合溶剂、提取时间和提取温度对提取效率的影响。利用 NIST 14. lib 的质谱数据库和 GC/MS 数据库对不同品种马铃薯进行了质谱分析。研究了马铃薯代谢产物品种间的代谢产物差异。最后,对该方法的回收率、精密度、重复性和稳定性进行了评价。实验结果可为马铃薯的鉴别、品质评价以及产品研发提供依据。

3.2　实验材料与方法

3.2.1　实验设备与材料

试验所用到的主要仪器设备见表 3 - 1。

表 3 - 1　试验主要用仪器设备

仪器名称	规格型号	生产厂家
GC - MS - QP 2010 离子色谱	GC - MS - QP 2010	日本岛津技术有限公司
自动采样器	AOC - 20 i	日本岛津技术有限公司
HP - 5 ms 分离柱	30 m×0.25 mm×0.25 μm	美国 Agilent 有限公司
KQ2200E 型超声波清洗机	40 kHz,100 W	昆山超声仪器有限公司
恒温均衡器	MSC - 100	中国杭州澳盛仪器有限公司
冷冻干燥机	Alpha1 - 2Ldplus	德国 CHRIST 公司
高速离心机	T 古龙贡米 - 16B	安亭仪器有限公司

马铃薯样品来自黑龙江农业科学院以及当地超市和农贸市场,品种包括黑

峰（HF）、黄麻子（HMZ）、优进 885（YJ 885）、克新 13（KX13）四种。

3.2.2　实验试剂

所用到的主要试剂见表 3-2。

表 3-2　主要试剂及生产厂家

试剂名称	生产厂家
甲醇	美国 Fisher 技术公司
乙腈	美国 Fisher 技术公司
异丙醇	美国 Fisher 技术公司
N,O-双（三甲基硅基）三氟乙酰胺（BSTFA）	美国 Sigma-Aldrich 公司
甲氧胺盐酸盐	美国 Sigma-Aldrich 公司
吡啶	美国 Sigma-Aldrich 公司
标准物质	美国 Sigma-Aldrich 公司和国家药品和生物制品控制研究所（北京,中国）
色谱级用水	美国米利波尔公司的 Milli-q 水净化系统

所有其他分析级试剂均来自北京化工厂（北京,中国）。

3.2.3　实验步骤

3.2.3.1　样品预处理

选取完整、没有磕碰的成熟马铃薯,用直径 65 mm 的软木钻孔机从中取出马铃薯圆柱形块茎,去除两端的马铃薯外皮后均匀切成 2 mm 厚的薄片（重量约为 100.0 mg）,将其作为后续试验用的马铃薯块茎样品,得到的马铃薯块茎样品立刻在液氮中冷冻,并储存在 -80℃ 冰箱中待分析。

3.2.3.2　代谢产物提取

（1）提取剂种类对代谢产物提取的影响。

将 100.0 mg 马铃薯块茎样品、800 μL 的提取剂（提取剂分别为乙腈、异丙醇、甲醇、80% 甲醇/水）和 10 μL 内标（2-氯苯丙氨酸）分别移入 EP 管中快速涡旋 30 s 混匀,均质化后放入超声波清洗机中 35℃ 超声 9.0 min,超声提取过程中每一分钟剧烈振摇一次,而后置于 4℃ 离心机中,12000 r/min 离心 10 min,离心后取 200 μL 上清液转移至 GC 进样小瓶（1.5 mL 自动进样瓶）中,然后冷冻干燥过夜。进行 5 次平行试验。

（2）超声时间和超声温度对代谢产物提取的影响。

将 100.0 mg 马铃薯块茎样品、800 μL 的 80% 甲醇和 10 μL 内标(2 - 氯苯丙氨酸)分别移入 EP 管中快速涡旋 30 s 混匀,均质化后放入超声波清洗机中,超声时间分别设置为 3 min、5 min、7 min、9 min、11 min,超声温度分别设置为 25℃、35℃、45℃、55℃、65℃,超声提取过程中每分钟剧烈振摇 1 次,而后置于 4℃ 离心机中,12000 r/min 离心 10 min,离心后取 200 μL 上清液转移至 GC 进样小瓶(1.5 mL 自动进样瓶)中,然后冷冻干燥过夜。进行 5 次平行试验。

3.2.3.3 衍生化处理

取 30 μL 甲氧铵盐酸吡啶溶液至浓缩后的样品中,快速混匀至完全溶解,置于 37℃ 恒温箱 1 h,取出后加入 30 μL 的三氟乙酰胺(BSTFA)在 70℃ 烘箱 1 h 进行衍生化处理,所有样品在衍生化处理后 24 h 内进行分析,所有实验做 5 个平行样。

3.2.3.4 GC - MS 分析

用自动取样器注入 1 μL 样品溶液,色谱柱:Agilent J&W Scientific 公司的 HP - 5ms(30 m × 0.25 mm × 0.25μm),仪器参数设定为:进样口温度 280℃,EI 离子源温度 230℃,四极杆温度 150℃,高纯氦气(纯度大于 99.999%)作为载气,不分流进样,进样量 1.0 μL。升温程序:初始温度 80℃,维持 2 min,10℃/min 的速度升至 320℃,并维持 6min,然后在 80℃ 下进行温度平衡 6 min,然后再注入下一次样品。采用全扫描模式进行质谱检测,质谱检测范围为 50 ~ 550(m/z)。

3.2.4 正交实验设计

在提取过程中,分别考察了提取剂种类、提取剂用量、超声提取时间和温度等实验参数对萃取效果的影响,对提取代谢产物的影响条件进行了单因素研究,找出因素的最佳取值范围,并进行正交实验设计,使其设计的模型对最相关的影响因素进行准确研究。

3.2.5 性能分析

通过计算代谢产物的峰面积和峰数目的相对标准偏差(RSD)评价该方法的分析性能,包括精密度、重现性和稳定性。通过 GC - MS 对样本进行分析,并对获得的峰值区域数据进行滤波(80% 规则)处理,计算出剩余峰值区域的 RSD 值。

通过 3.2.3 中提到的方法对平行 5 份样本进行了处理,计算精密度;通过对同一块马铃薯块茎样品的平行 5 次分析,计算重现性;为了获得稳定性,取平行样品溶液 5 个,分别放置 0 h、3 h、6 h、12 h、16 h、20 h 后进行分析。

3.3   结果与讨论

3.3.1   代谢产物提取条件优化

3.3.1.1   提取剂的种类

以分离的峰数目和峰面积之和作为评价指标,如图3-1所示,明确了4种溶剂和等效混合物对峰面积和峰数目的提取效率,在所选的溶剂中,乙腈常用来提取油脂类物质,异丙醇容易提取不溶于水的物质,甲醇是一种优于乙醇的有机溶剂,而且可以和水很好的相溶。如图3-1所示,当使用100%有机溶剂时,乙腈、异丙醇的提取效率低于甲醇。在不同有机溶剂的提取效果中,甲醇的提取效果最好,略优于其他两种溶剂的提取效果。由于水在提取氨基酸和糖方面有很大的优势,因此,在有机溶剂中加入一定比例的水,对峰面积之和和分离峰数目都有显著影响。从分离峰数目来看,水—甲醇混合溶液效果最好,其次是水、甲醇、异丙醇和乙腈。结合峰数目和总峰面积和来看,水—甲醇混合溶液效果最好,其次是水、甲醇、异丙醇和乙腈。结果表明,水—甲醇混合体系可以获得更丰富的代谢产物信息。

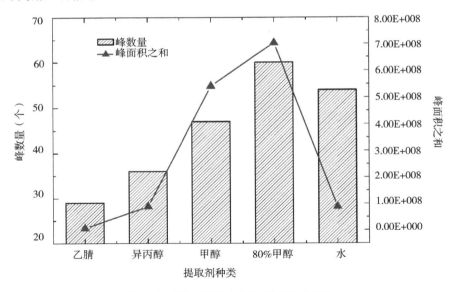

图3-1   提取剂种类对代谢产物提取的影响

3.3.1.2　超声提取的时间和温度

研究了超声提取时间（3 min、5 min、7 min、9 min、11 min）和温度（25℃、35℃、45℃、55℃、65℃）对超声提取效果的影响。从图 3 - 2 和图 3 - 3 中可以看出，峰面积和分离峰数随提取时间和温度的增加而逐渐增大，随温度的升高而迅速下降。一方面，提高提取时间和温度有利于提高代谢产物的传质速率，提高代

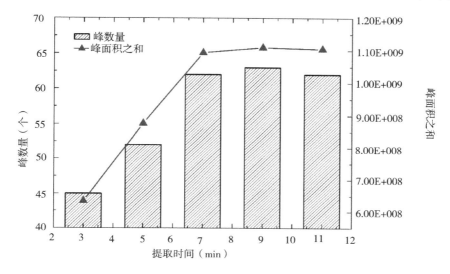

图 3 - 2　提取时间对代谢产物提取的影响

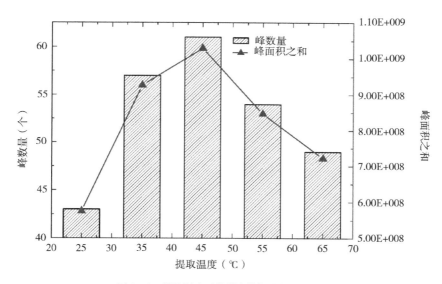

图 3 - 3　提取温度对代谢产物提取的影响

谢产物的提取率。另一方面,提取时间和温度的大幅度增加导致了样品中初级代谢产物的减少,时间和温度之间的相互作用也需要研究。根据实验结果,为了进一步优化最佳实验条件,通过正交实验(OED)设计模型,进一步优化了水、甲醇的配比和体积、提取时间和温度的影响。

3.3.1.3 正交实验

根据单变量法的实验结果,进行了正交实验[L9(34)],提取剂(A)[A1,甲醇/水(50∶50,v/v),A2,甲醇/水(65∶35,v/v),A3,甲醇/水(80∶20,v/v)],提取剂的体积(B)(B1,300 μL,B2,500 μL,B3,800 μL),超声时间(C1,7 min,C2,9 min,C3,11 min),超声温度(D1,35℃,D2,45℃,D3,55℃)。峰值面积之和和分离峰数目见表3−3。

表3−3　峰值面积之和和分离峰数目列表

序号	(A)	(B)	(C)	(D)	峰数目	峰面积之和
1	A1	B1	C1	D1	40	4.85×10^8
2	A1	B2	C2	D2	48	5.72×10^8
3	A1	B3	C3	D3	53	8.16×10^8
4	A2	B1	C2	D3	42	5.44×10^8
5	A2	B2	C3	D1	51	8.46×10^8
6	A2	B3	C1	D2	57	9.26×10^8
7	A3	B1	C3	D2	58	9.56×10^8
8	A3	B2	C1	D3	61	10.29×10^8
9	A3	B3	C2	D1	67	15.57×10^8
$K1$	$141/18.73 \times 10^8$	$140/19.85 \times 10^8$	$158/24.40 \times 10^8$	$158/28.88 \times 10^8$		
$K2$	$150/23.16 \times 10^8$	$160/24.47 \times 10^8$	$157/26.73 \times 10^8$	$163/24.54 \times 10^8$		
$K3$	$186/35.42 \times 10^8$	$177/32.99 \times 10^8$	$162/26.18 \times 10^8$	$156/23.89 \times 10^8$		
R	$45/16.69 \times 10^8$	$37/13.14 \times 10^8$	$5/2.33 \times 10^8$	$7/4.99 \times 10^8$		

在表3−3中,Kn是各因子在不同水平上的平均效应,R是极差。实验结果表明,影响顺序依次是提取剂的种类、提取剂的用量、超声温度、超声时间。根据实验结果,确定提取剂的种类、提取剂的用量、超声温度和超声时间分别为甲醇/水(80∶20,v/v)、800 μL、35℃、9 min 为最佳提取条件。

3.3.2　代谢产物的分离与鉴定

对样品溶液进行 GC – MS 分析,获得指纹谱图,如图 3 – 4 所示,从图中可以看出,共分离检测了 70 种马铃薯块茎代谢产物,且分离效果良好,基线稳定。不同品种的马铃薯块茎图形相似,只有轻微不同,在与 NIST(National Institute of Standards and Technology,中文名称为美国国家标准与技术研究所,网址为 http://srdata. nist. gov/xps/main_search_menu. aspx)标准谱库进行对比分析,确定了代谢产物的具体结构以及不同品种马铃薯所含有的代谢产物。如表 3 – 4 所示,根据结果将其分为 5 类,即有机酸、脂肪酸、糖及其衍生物、氨基酸和中间产物。有机酸包含丁二酸、丙酸、葡萄糖酸、苹果酸、核糖核酸、抗坏血酸、阿拉伯

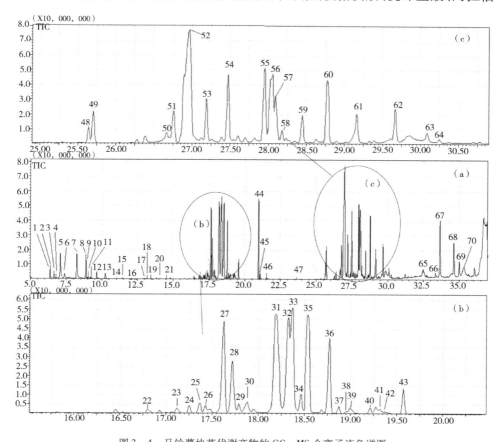

图 3 – 4　马铃薯块茎代谢产物的 GC – MS 全离子流色谱图
(a)马铃薯块茎代谢产物 70 个峰总图　(b)马铃薯块茎代谢产物峰值在 16.00 ~ 20.00 min 的峰数　(c)马铃薯块茎代谢产物峰值在 25.00 ~ 30.05 min 的峰数

酸等;脂肪酸包含壬酸、十六酸(棕榈酸)、9,12-十八碳二烯酸、亚油酸、十九烷酸等;检测到的糖及其衍生物包含呋喃塔格糖、呋喃阿洛酮糖、果糖、山梨糖、塔格糖、阿洛酮糖、木糖、葡萄糖、吡喃阿洛糖、海藻糖、蔗糖、麦芽糖、乳糖、半乳糖、甘露糖、纤维二糖、戊糖、山梨醇、来苏吡喃糖、来苏呋喃糖、半乳糖苷、帕拉金糖;在马铃薯块茎中,氨基酸包含甘氨酸、亮氨酸、丝氨酸、丙氨酸、苯丙氨酸、赖氨酸和天冬氨酸等;最后一类包含甘油、嘧啶、正丁醛、木糖酸、核糖核酸、2-脱氧核糖、葡糖醛酸、松醇、葡萄糖内酯、肌醇、松醇、胆甾醇、麦芽糖醇、尿苷、葡萄糖苷、半乳糖醇、葡萄糖内酯、豆甾醇、生育酚和嘧啶等。其中4种代谢产物尚未被分析出特定的结构。

表3-4　不同品种马铃薯块茎中的代谢产物

序号	保留时间(min)	名称	HF	HMZ	YJ885	KX13
1	6.326	甘氨酸	+	+	+	+
2	6.491	丁二酸	+	+	+	+
3	6.590	亮氨酸	+	+	+	+
4	6.754	丙酸	+	+	+	+
5	7.026	壬酸	—	+	—	+
6	7.272	丝氨酸	+	+	+	+
7	8.231	丙氨酸	+	+	+	+
8	8.815	甘油	+	+	+	+
9	8.918	苹果酸	+	+	+	+
10	9.080	嘧啶	+	+	+	+
11	9.245	正丁醛	+	+	+	+
12	9.720	苯丙氨酸	+	+	+	+
13	10.210	天冬氨酸	+	+	+	+
14	11.012	葡萄糖酸	+	+	+	—
15	11.438	阿拉伯酸	+	+	+	+
16	12.050	核糖核酸	+	+	+	+
17	12.932	木糖酸	+	+	+	+
18	13.203	赖氨酸	+	+	+	+
19	13.459	核糖核酸	+	+	+	+
20	14.061	呋喃塔格糖	—	—	—	+
21	14.517	呋喃阿洛酮糖	+	+	+	+
22	16.825	2-脱氧核糖	—	—	+	+

续表

序号	保留时间(min)	名称	HF	HMZ	YJ885	KX13
23	17.118	葡糖醛酸	—	+	—	—
24	17.252	呋喃果糖	—	+	—	+
25	17.365	呋喃山梨糖	—	+	—	—
26	17.424	吡喃果糖	—	+	—	—
27	17.624	松醇	+	+	+	+
28	17.720	塔格糖	+	+	+	+
29	17.790	半乳糖苷	+	+	+	+
30	17.880	未知	—	+	—	—
31	18.190	阿洛酮糖	+	+	—	—
32	18.335	葡萄糖内酯	+	—	+	—
33	18.368	木糖	—	+	—	+
34	18.464	葡萄糖	+	+	+	—
35	18.538	阿洛糖	+	+	+	+
36	18.771	半乳糖	—	+	—	—
37	18.874	吡喃阿洛糖	—	+	—	—
38	18.945	十六酸(棕榈酸)	+	—	+	+
39	18.966	山梨醇	+	+	—	+
40	19.215	吡喃来苏糖	+	+	+	+
41	19.325	呋喃来苏糖	+	+	+	+
42	19.386	维生素 C	+	+	+	+
43	19.575	吡喃甘露糖	+	+	+	+
44	20.973	肌醇	+	+	+	+
45	21.070	9,12 - 十八碳二烯酸	+	+	+	+
46	21.520	亚油酸	+	+	+	+
47	23.670	十九酸	+	+	+	+
48	25.639	海藻糖	+	+	+	+
49	25.705	未知	+	+	+	+
50	26.673	尿苷	+	+	+	+
51	26.758	β - d - 吡喃葡萄糖苷	+	+	+	+
52	26.965	蔗糖	+	+	+	+
53	27.189	松二糖	+	+	+	+
54	27.472	麦芽糖	+	+	+	+

序号	保留时间(min)	名称	HF	HMZ	YJ885	KX13
55	27.953	未知	+	+	+	+
56	28.055	乳糖	+	+	+	+
57	28.095	果糖	+	+	+	+
58	28.180	呋喃甘露糖	+	+	+	+
59	28.449	吡喃半乳糖苷	+	+	+	+
60	28.773	纤维二糖	+	+	+	+
61	29.160	吡喃戊糖	+	+	+	+
62	29.667	肌醇半乳糖苷	+	+	+	+
63	30.085	未知	+	+	+	+
64	30.247	维生素 E	+	+	+	+
65	32.415	胆甾醇	+	+	+	+
66	33.340	谷甾醇	+	+	+	+
67	33.660	蔗糖	+	+	+	+
68	34.626	甘露二糖	+	+	+	+
69	35.005	帕拉金糖	+	+	+	+
70	35.325	麦芽糖醇	+	—	+	—

注:"未知"表示材料与数据库的匹配程度很低。"+"表示该化合物已被检测到。"—"表明化合物未被检测到。

在马铃薯中,发现代谢产物中存在正丁醛,而正丁醛经过食用后会刺激眼、鼻、喉部及呼吸道黏膜,并造成角膜损害、头痛、眩晕及嗜睡等症状,但正丁醛未达到中毒的浓度。其中木糖酸是维生素 C 的重要代谢产物之一,它的产生除了可能是因为存在微生物之外,也可能是抗坏血酸在代谢成 D - 木酮糖 - 5 磷酸的过程中的中间代谢产物。

实验中发现马铃薯之间并未存在太多差异代谢产物,也有其他学者发现了这一点,例如 Uri 通过运用 GC - MS 技术对五种不同马铃薯进行代谢产物分析,实验中仅发现一种马铃薯与其他马铃薯代谢产物不同,是因为其硬脂酸、棕榈酸和 γ - 氨基丁酸含量较高;Dobson G. 通过对 29 种具有遗传多样性的马铃薯和智利地方品种进行 GC - MS 分析,发现仅区分出两个品种和地区,很大程度上还是取决于糖类代谢产物的含量不同,实验表明马铃薯的代谢产物种类与马铃薯的品种和种植地区并没有联系,但各个品种的马铃薯代谢产物的含量却存在不同。

3.3.3　性能分析

3.3.3.1　精确度

如图 3 – 5 所示,82.7% 代谢产物的峰数目和 95.8% 代谢产物的累积峰面积的 RSD 值均低于 15% 。结果表明,用目前的方法测定大多数代谢产物具有良好的测定精度。

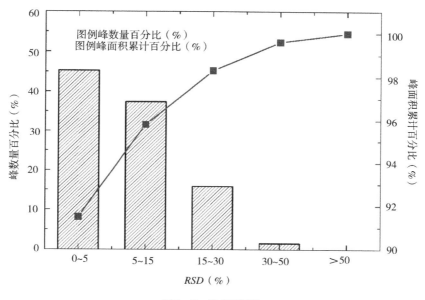

图 3 – 5　精确度评价

3.3.3.2　重复性

详细的可重复性结果见图 3 – 6,90.4% 代谢产物的峰数目和 91.4% 代谢产物的累积峰面积的 RSD 值均低于 30% 。结果表明,该方法稳定可靠,重现性好,符合生物样品分析的要求。

3.3.3.3　稳定性

对马铃薯块茎中代谢产物的稳定性进行了评价,结果见图 3 – 7。在 0 ~ 24 h 内,计算代谢产物峰面积的相对标准偏差(RSD)。结果表明,总代谢产物中有 76.7% 代谢产物的峰数目和 90.5% 代谢产物的累积峰面积的 RSD 值均低于 30%,稳定性可接受范围。

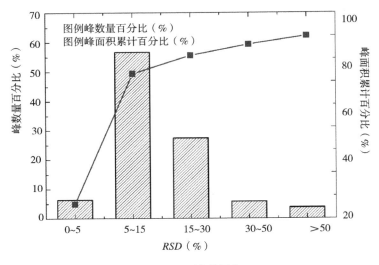

图 3-6　重复性评价

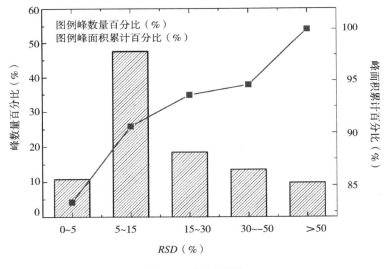

图 3-7　稳定性评价

3.4　小结

本实验采用衍生化的 GC-MS 技术对中国东北地区不同品种马铃薯中的代谢产物进行了分析。以 GC-MS 分离鉴定的峰数目和总峰面积为指标,采用单因素法和正交试验设计法优化研究了提取代谢产物的因素,确定提取剂:甲醇/

水(80∶20,v/v);提取剂用量:800 μL;超声温度:35℃;超声时间:9 min,最优化条件下分离鉴定 70 种代谢产物,如糖、有机酸、脂肪酸、氨基酸等,而且在马铃薯代谢产物中发现正丁醛。

通过实验发现,样品中各组分分离良好,基线稳定,证明该方法具有较好的精密度、重现性和稳定性,具有一定的可靠性,并且建立的方法可以延伸至其他固体食品中代谢产物的提取和分离鉴定。

参考文献

[1] CUADROS - RODRÍGUEZ L, RUIZ - SAMBLÁS C, VALVERDE - SOM L, et al. Chromatographic fingerprinting: An innovative approach for food ′identitation′ and food authentication - A tutorial[J]. Analytica Chimica Acta,2016, 909: 9 - 23.

[2] EVANS AM, DEHAVEN CD, BARRETT T, et al. Integrated, nontargeted ultrahigh performance liquid chromatography/electrospray ionization tandem mass spectrometry platform for the identification and relative quantification of the small - molecule complement of biological systems [J]. Analytical Chemistry, 2009, 81 (16): 6656 - 6667.

[3] FIEHN O. Metabolomics - the link between genotypes and phenotypes[J]. Plant Molecular Biology,2002, 48(1 - 2): 155 - 171.

[4] FOSTER B, FAMILI I, FU P, et al. Genome - scale reconstruction of the Saccharomyces cerevisiae metabolic network[J]. Genome Research, 2003, 13: 244 - 253.

[5] HE XQ, TAN DG., SUN XP, et al. Isolation and identification of polar metabolites in cassava leaf using GC - MS method [J]. Chinese Journal ofTropicalCrops, 2012,33(3): 422 - 426.

[6] JOHNSON CH, GONZALEZ FJ. Challenges and opportunities of metabolomics [J]. Journal of Cellular Physiology, 2012, 227(8): 2975 - 2981.

[7] LAI ZJ, TSUGAWA H, WOHLGEMUTH G, et al. Identifying metabolites by integrating metabolome databases with mass spectrometry cheminformatics [J]. Nature Methods, 2018, 15(1): 53 - 56.

[8] NICHOLSON JK, LINDON JC, HOLMES E. ' Metabonomics': understanding

the metabolic responses of living systems to pathophysiological stimulivia multivariate statistical analysis of biological NMR spectroscopic data [J]. Xenobiotica, 1999, 29(11): 1181 – 1189.

[9]NICHOLSON JK, CONNELLY J, LINDON JC, et al. Metabonomics: a platform for studying drug toxicity and gene function[J]. Nature Reviews Drug Discovery, 2002, 1(2): 153 – 161.

[10] SOININEN P, KANGAS AJ, WÜRTZ P, et al. High – throughput serum NMR metabonomics for cost – effective holistic studies on systemic metabolism[J]. Analyst, 2009, 134(9): 1781 – 1785.

[11] ROESSNER U, WAGNER C, KOPKA J, et al. Simultaneous analysis of metabolites in potato tuber by gas chromatography – mass spectrometry[J]. The Plant Journal, 2000, 23(1): 131 – 142.

[12] TANG H, XIAO C, WANG Y, et al. Important roles of the hyphenated HPLC/DAD/MS/SPE/NMR technique in metabonomics[J]. Magnetic Resonance in Chemistry, 2009, 47(1): 157 – 162.

[13] URI C, JUHÁSZ Z, POLGÁR Z, et al. A GC – MS – based metabolomics study on the tubers of commercial potato cultivars upon storage [J]. Food Chemistry, 2014, 159(15): 287 – 292.

[14] VAN BOCXLAER JF, VANDE CASTEELE SR, VAN POUCKE CJ, et al. Confirmation of the identity of residues using quadrupole time – of – flight mass spectrometry[J]. Analytica Chimica Acta, 2005, 529(1 – 2): 65 – 73.

[15] ZHANG GA, NAGANAGOWDA TY, RAFTERY D. Advances in NMR – based biofluid analysis and metabolite profiling[J]. Analyst, 2010, 135(7): 1490 – 1498.

[16] ZHANG A, SUN H, WANG P, et al. Modern analytical techniques in metabolomics analysis[J]. Analyst, 2012, 137(2): 293 – 300.

[17] ZHOU J, WANG SHY, CHANG YW, et al. Development of a gas chromatography – mass spectrometry method for the metabolomic study of rice (Oryza sativa L.) grain[J]. Chinese J Chromatogr, 2012, 30(10): 1037 – 1042.

[18] ZHAO JY, HU CHX, ZENG J, et al. Study of polar metabolites in tobacco from different geographical origins by using capillary electrophoresis – mass spectrometry[J]. Metabolomics, 2014, 10(5): 805 – 815.

第4章　不同品种玉米差异代谢产物 分析及代谢机制浅析

玉米（*Zea mays* L.）是世界上种植最广泛、产量最高的谷类作物,在三大粮食作物（玉米,小麦,水稻）中排名第一。玉米是三大粮食作物中最适合作为工业原料的品种,也是加工程度最高的粮食作物。玉米加工业的特点是加工空间大,产业链长,产品极为丰富,包括淀粉、淀粉糖、变性淀粉、酒精、酶制剂、调味品、药用产品、化工产品八大系列,但主要是淀粉及酒精,其他产品多是这两种产品更深层次的加工品或生产的副产品,这些深层次的加工品或副产品的价值可观,即具有较高的附加值,可随之带来高利润。

玉米是中国重要的粮食作物、饲料作物和经济作物,在中国农业生产中发挥着重要作用。在食品加工领域,玉米已被加工成各种产品,如各种形式的膳食、食用油、调味汁和布丁中的增稠剂,食品和饮料产品中的甜味剂和生物废料。玉米颗粒由胚乳、胚、皮和尖端组成,其含量分别为82%、12%、5%和1%。玉米胚胎是种子的胚乳,具有很高的营养价值,每100 g含有超过4.6 g脂肪,8.2 g蛋白质,70.6 g碳水化合物,而且粗纤维含量≥1.3 g,钙含量≥17 mg,铁含量≥2.0 mg,磷含量≥21 mg,烟酸含量≥2.4 mg,核黄素含量≥0.14 mg。除了丰富的营养价值外,玉米还对营养、健康、降低血压、保护肝脏和消除疲劳有显著影响。这些药用功能与玉米中含有的代谢产物直接相关。玉米中有多种代谢产物,并且每种代谢产物的含量差异较大。

可以从多方面提升玉米加工产业链:

（1）加快发展玉米产地初加工。主要是指玉米脱粒、玉米芯破碎、秸秆打捆等工作。完善初加工补助政策并高效清洁规范实施,积极推动补助项目向优势产区、特色产区特别是贫困地区倾斜。加强初加工设施和装备建设,积极推进玉米收获期的减损增效。

（2）推进玉米加工向深度和广度发展。以玉米淀粉为基础,发展淀粉糖、变性淀粉、乙醇及其下游产品、氨基酸、有机酸等;加强淀粉生产副产物的综合利用,发展玉米生物活性肽、膳食纤维、玉米油、蛋白水解调味液、发酵饲料等系列产品。

（3）加快生物工程技术、自动控制等高新技术的应用。大力推广以酶工程技术、微生物工程技术为核心的淀粉转化技术。发展酶制剂生产，筛选和培育具有新的转化功能的优良菌株，为促进新型淀粉转化产品创造条件。积极采用生物工程等精深加工技术，在提取蛋白质、脂肪、纤维素、新营养成分及活性物质等方面取得突破。推动发展优秀国产玉米加工技术装备，逐步实现进口替代。

（4）提升玉米食品加工水平。鼓励方便型营养玉米食品加工产业发展。培育一批产权清晰化、生产标准化、技术集成化、管理科学化、经营品牌化的主食加工示范企业，推动主食加工技术、产品研发推广，加大品牌培育。

（5）推动综合利用。重点针对秸秆等副产物，主攻循环利用、全值高值利用和梯次利用，加强综合利用试点。

（6）做大做强龙头企业。培育和扶持一批有竞争优势、带动力强的集团型加工企业，增强整体带动能力。加快扶持一批产品科技含量高的中小型企业。完善产业组织形式，形成以大型企业为主导、中小企业集群配套的产业组织结构。

代谢组学技术已经在毒理学、疾病、环境、动物、植物方面得到了广泛的应用，因为代谢产物是支撑生命的小分子，当它们的丰度发生变化时，可以作为成分状态的指标，为许多代谢产物提供了代谢途径以此来反应生命特征。玉米代谢组学对于发现新的功能基因和转基因玉米的安全性评价具有重要意义。因为研究方法的数据类型不同，代谢组学的研究策略主要包括靶向分析和非靶向代谢谱分析。

靶向分析是对一组具有已知化学结构的特定代谢产物进行定量分析的方法，通常侧重于一个或多个相关的代谢途径。然而，对生物样本进行非靶向代谢分析主要是寻找实验组和对照组发生显著变化的代谢特征，识别代谢特征的化学结构，然后解释发现的代谢产物及其代谢途径与生命过程或生命状态之间的关系。只针对玉米几种重要成分的目标分析方法可能会导致其他有用信息的遗漏，而非靶向代谢分析方法适用于所有检测到的化合物，能够全面反映整体代谢状态的变化，在转基因植物的意外效应研究和非生物胁迫研究方面具有很大的潜力。非靶向代谢分析可以在一次实验中检测 10000 多个代谢特征，有助于发现新的代谢产物和新的代谢途径。

目前常用的代谢组学技术有 NMR、GC－MS 和 LC－MS。例如，Rona，G. B. 使用 H－1 核磁共振（NMR）代谢组学，通过分析 NSD3s 或 Pdp3 过表达对酵母代谢组的影响，解释了导致所观察到的代谢表型的生化途径。Xia，Y．G．采用

FT－IR、HPSEC－ELSD、比色法、气相色谱—质谱法、Smith 降解法、甲基化法等方法对辽东楤木根皮(AERP)的结构特征进行了系统研究。Johnson，L．C．采用 LC－MS 代谢组学分析方法，表征了青年和老年人血浆中小分子丰度随年龄的变化规律。

　　气相色谱—质谱(GC－MS)法具有优异的色谱分离度、灵敏度高、分辨率高。例如,Zhang 建立了气相色谱—质谱(GC－MS)分离鉴定中国东北地区马铃薯块茎的代谢产物,鉴定了 65 种化合物和 5 种主要化合物,如糖和糖醇等。Feng 采用 GC－MS 技术研究了同一省不同地区水稻的代谢产物。结果表明,同一省份不同地区的水稻代谢产物存在差异。Florent 成功地对小麦组织中的表皮蜡进行了定性定量分析,同时对不同样品进行了定量比较,为了解重要作物中重要表型性状的蜡成分提供了参考。Kang 通过 GC－MS 分析了具有两种基因型(耐旱性和干旱敏感性)的小麦根和叶代谢产物,发现耐旱小麦叶片中代谢产物的变化比根系更多,根系代谢组成受胁迫影响较小,发现根比叶和芽更耐旱,观察到干旱敏感小麦中 32 种代谢产物的根和叶变化。结果表明,根和芽中产生了不同的代谢产物,芽的代谢组成比根更容易发生变化。为了区分具有相似形态的桔梗和党参,Park 使用 GC－MS 技术来区分两种植物的代谢产物,发现它们之间存在显著差异。

　　在这项工作中,通过使用非靶向代谢谱分析,基于 GC－MS 分析了三种不同玉米品种的代谢组学。鉴定了 3 个不同品种玉米的不同代谢产物,并对其代谢途径和机制进行了研究和分析,为进一步研究加工玉米及代谢产物的作用机制提供了信息。

4.1　材料和设备

4.1.1　植物材料

　　研究的常规非转基因玉米(*Zea mays* L.)品种来自黑龙江省肇州县。按照保护范围内具有代表性的抽样原则,采用棋盘抽样法随机抽取金玉 88 (JY88)、环农 18 (HN18)、Demei9 (DM9)等主要品种。

4.1.2　化学试剂

　　甲醇、异丙醇和乙腈(色谱级)来自美国 Fisher 技术公司;N,O－双(三甲基硅基)三氟乙酰胺(BSTFA),甲氧胺盐酸盐和吡啶来自美国 Sigma - Aldrich 公司;结构鉴定的标准物质来自美国 Sigma - Aldrich 公司和国家药品和生物制品控制研究所(北京,中国);色谱级用水来自美国米利波尔公司的 Milli - q 水净化系统,用于制备所有的水溶液。所有其他分析级试剂均来自北京化工厂(北京,中国)。

4.1.3　仪器设备

GC - MS - QP 2010(岛津技术有限公司,日本)配备的 EI 离子源,四极质量分析仪,AOC - 20 i 自动采样器;HP - 5 ms 分离柱(30 m × 0.25 mm × 0.25 μm)(美国 Agilent 有限公司);KQ2200E 型超声波清洗机(40 kHz,100 W,昆山超声仪器有限公司);昆山恒温均衡器有限公司(中国昆山)和 MSC - 100 恒温均衡器(澳盛仪器有限公司)(中国杭州),Alpha1 - 2Ldplus 冷冻干燥机(德国 CHRIST 公司)和 TGL - 16B 高速离心机(安亭仪器有限公司)。

4.2　玉米代谢产物的提取与衍生化

4.2.1　代谢产物的提取

玉米在液氮作用下粉碎,经 100 目筛网筛分,保存于 -80℃冰箱,直至分析。将 100.0 mg 玉米样品,800 μL 80% 甲醇和 10 μL 内标(2 - 氯苯丙氨酸)置于 EP 管中。在均质化之前使用涡旋搅拌 30 s。从玉米样品中提取极性代谢产物组分。为了提高提取效率,将含有该混合物的管在 35℃,80 W 的功率下浸入超声波浴中 9.0 min,并在超声波处理期间每隔 1 min 用手强烈振摇 1 次。随后,将混合物在 12000 r/min 下在 4℃下离心 10.0 min。离心后,将 200 μL 上清液转移至 GC 瓶(1.5 mL 自动样品瓶),然后将瓶子放入冷冻干燥器中干燥过夜。将干燥的残余物在 37℃下在 30 μL 的 20 mg·mL^{-1}甲氧基胺盐酸盐吡啶中完全溶解60 min,然后加入 30 μLBSTFA,在 70℃下衍生 60 min。衍生化处理后,在 24 h 内分析所得的分析溶液。

4.2.2　GC - MS 分析

用自动取样器注入 1 μL 样品溶液,色谱柱:Agilent J&W Scientific 公司的 HP - 5ms(30 m × 0.25mm × 0.25μm),仪器参数设定为:进样口温度 280℃,EI

离子源温度 230℃,四极杆温度 150℃,高纯氦气(纯度大于 99.999%)作为载气,不分流进样,进样量 1.0 μL。升温程序为:初始温度 80℃,维持 2 min,10℃/min 的速度升至 320℃,并维持 6 min,然后在 80℃下进行温度平衡 6 min,然后再注入下一次样品。采用全扫描模式进行质谱检测,质谱检测范围为 50 ~ 550(m/z)。

4.2.3　代谢产物分析

将获得的玉米代谢产物数据与 NIST 14 数据库进行比较以获得结构信息。对获得的结构信息进行了分类,研究了不同品种玉米的差异代谢产物。

4.2.4　代谢途径和机制分析

通过 KEGG 数据库比较代谢产物的代谢途径。利用 Metabo Analyst 和 KEGG 代谢途径检索中的富集分析来分析不同品种玉米的代谢机制。在 KEGG 筛选的差异代谢产物中发现了相关的代谢途径,推断了不同玉米品种代谢过程的变化。

4.3　结果与讨论

4.3.1　GC – MS 结果分析

通过气相色谱—质谱法分析从玉米中提取的代谢产物,3 种不同玉米品种(JY88,HN18 和 DM9)的 GC – MS 总离子流图如图 4 – 1 ~ 图 4 – 3 所示。3 种玉米品种的总离子流图基本相似,但也存在不同。结果表明,样品中的组分分离良好,基线稳定。

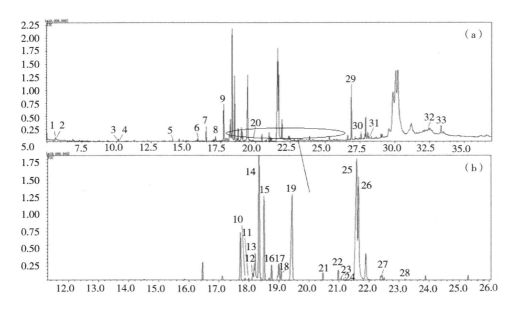

图 4 - 1　JY88 玉米的 GC - MS 总离子流图
(a)5.00 ~ 35.00 min 完整色谱图　(b)12.0 ~ 26.0 min 范围的放大色谱图

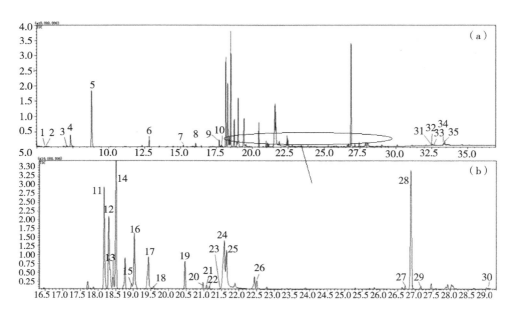

图 4 - 2　HN18 玉米的 GC - MS 总离子流图
(a)5.00 ~ 35.00 min 完整色谱图　(b)12.0 ~ 26.0 min 范围的放大色谱图

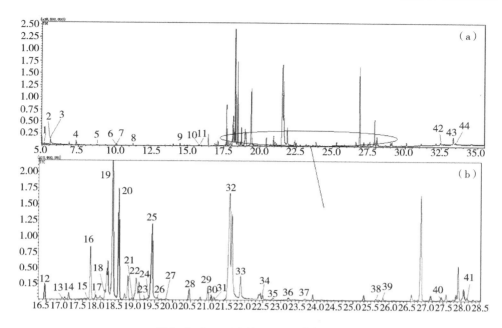

图 4 - 3　DM9 玉米的 GC - MS 总离子流图
(a)5.00 ~ 35.00 min 完整色谱图　(b)12.0 ~ 26.0 min 范围的放大色谱图

4.3.2　代谢产物的分离与鉴定

在 JY88 中检测到 33 种代谢产物和 3 种未知化合物,在 HN18 中检测到 34 种代谢产物和 2 种未知化合物,在 DM9 样品中检测到 42 种代谢产物和 5 种未知化合物。在 3 个玉米品种中,有 59 种化合物经 NIST 数据库精确表征和确定了结构,如表 4 - 1 所示,有 5 种未知结构,代谢产物的相对含量均在 0.1% 以上。

表 4 - 1　不同品种玉米的代谢产物

序号	保留时间(min)	名称	JY88	HN18	DM9
1	5.187	丙酸	—	—	+
2	5.602	未知	+	+	+
3	5.674	十二烷	—	+	—
4	5.685	鼠李糖醇	+	—	+
5	7.338	丁烷	—	+	+
6	8.794	乙酰胺	—	—	+

续表

序号	保留时间(min)	名称	JY88	HN18	DM9
7	8.817	甘油	—	+	—
8	10.095	茴香脑	+	—	+
9	10.148	N-乙酰吲哚	+	—	+
10	11.283	四甘醇	—	—	+
11	14.056	塔格呋喃糖	+	—	+
12	15.22	阿拉伯糖	—	+	—
13	15.805	赤藓糖醇	+	+	+
14	15.859	苯膦酸	+	—	—
15	15.859	未知	—	—	+
16	16.458	未知	+	—	+
17	16.931	乙酸	—	+	—
18	17.116	苏阿糖	+	—	+
19	17.719	山梨糖	+	+	+
20	17.789	半乳糖	—	+	—
21	17.874	木糖	+	+	—
22	17.874	D-葡萄糖	—	—	+
23	17.947	塔格糖	+	+	—
24	17.995	未知	+	—	—
25	18.125	葡萄糖醛酸	+	—	+
26	18.165	果糖	+	+	+
27	18.509	塔罗糖	+	+	+
28	18.756	阿洛糖	+	+	—
29	18.867	半乳糖苷	+	+	+
30	18.944	甘露醇	—	+	—
31	19.205	木吡喃糖	—	—	+
32	19.026	D-葡萄糖醇	—	+	+
33	19.066	核糖醇	+	—	+
34	19.31	来苏呋喃糖	—	—	+
35	19.441	抗坏血酸	+	+	+
36	19.574	呋喃核糖	—	+	—
37	19.825	环丙十四烯酸	—	—	+
38	20.462	棕榈酸	+	+	+

续表

序号	保留时间(min)	名称	JY88	HN18	DM9
39	20.975	肌醇	+	+	+
40	21.073	10,13 - 十八二烯酸	+	+	+
41	21.154	7 - 十八烯酸	+	+	+
42	21.465	十四烯酸	+	+	—
43	21.592	亚油酸	+	+	+
44	21.648	十八烯酸	+	+	+
45	22.502	反式 - 13 - 十八烯酸	+	—	—
46	23.212	α - 亚麻酸	+	—	+
47	23.676	二氯乙酸	—	—	+
48	26.876	蔗糖	—	+	—
49	27.157	甘露二糖	+	—	—
50	27.45	海藻糖	—	—	+
51	28.158	尿苷	—	—	+
52	28.334	芥酸酰胺	+	—	—
53	29.075	麦芽糖	—	+	—
54	32.465	胆固醇	+	—	—
55	32.564	菜油甾醇	—	+	—
56	33.344	β - 谷甾醇	+	+	+
57	32.46	未知	—	+	+
58	32.465	豆甾烯酮	—	+	—
59	33.568	麦角甾烷	—	+	—

"未知"表示成分与数据库的匹配度很低;"+"表示检测出该化合物;"-"表示没有检测到该化合物。

　　已知的结构可分为糖及其衍生物、脂肪酸及其衍生物、醇、有机酸和中间体。主要的糖及其衍生物包括塔格呋喃糖、阿拉伯糖、苏糖、山梨糖、半乳糖、D - 木糖、D - 葡萄糖、塔格糖、果糖、塔罗糖、阿洛糖、来苏呋喃糖、半乳糖苷、木吡喃糖、呋喃核糖、吡喃葡萄糖、蔗糖、甘露二糖、海藻糖和麦芽糖。脂肪酸及其衍生物主要是甘油、棕榈酸、10,13 - 十八二烯酸、7 - 十八烯酸、环丙烷十四烯酸、十四烯酸、亚油酸、十八烯酸、反式 - 13 - 十八烯酸、α - 亚麻酸。醇主要包括甘油、鼠李糖醇、四甘醇、赤藓糖醇、甘露醇、D - 葡萄糖醇、核糖醇。有机酸包括丙酸、乙酸、抗坏血酸、二氯乙酸。中间体包含有十二烷、丁烷、乙酰胺、N - 乙酰吲哚、茴香脑、苯膦酸、葡萄糖醛酸、肌醇、尿苷、芥酸酰胺、胆固醇、菜油甾醇、β - 谷甾醇、豆甾烯酮和麦角甾烷。此外,由于其相对含量小于 0.1% 的化合物,例如甘露吡喃糖苷、丁三醇、丁酸、脱氧核糖、呋喃核糖、苯甲酸,没有在总离子流图中显示。

与报道的参考文献的数据结果相比,这项工作中的代谢产物数量较少。这可能是因为该方法的检出限高于未检出的代谢产物浓度,未检出的代谢产物本身具有多样性和特异性,需要进一步研究。另外,实验的操作过程因人而异,这也会导致不同的实验结果。

4.3.3 不同品种玉米的差异代谢产物分析

在差异代谢产物中,主要有初级代谢物和其他中间产物。初级代谢产物存在于所有植物中,是维持细胞生命活动所必需的。它是所有生物体共同的代谢途径。它所合成的糖、氨基酸、脂肪酸、核酸等化合物为生物体的生存、生长和繁殖提供了物质基础和能量。营养物质可以通过初级代谢转化为结构物质或具有生理活性的物质,从而增加植物体内的生物积累。

与 KEGG 数据库比较发现,实验中差异代谢产物主要涉及碳水化合物代谢(如糖酵解,磷酸戊糖途径,PRPP 生物合成,抗坏血酸生物合成,糖原生物合成,核苷酸糖生物合成,肌醇磷酸代谢)、能量代谢(还原性磷酸戊糖循环)和脂质代谢(三酰基甘油生物合成,酰基甘油降解),为了更好地分析不同品种玉米的差异代谢产物,将一个品种玉米代谢产物与另外两个品种代谢产物分别进行比较,不同玉米品种差异代谢产物如表 4-2 ~ 表 4-4 所示。

由表 4-2 可知,JY88 和其他两种玉米品种的不同代谢产物为苯基膦酸、13-十八烯酸和芥酸酰胺,差异代谢产物属于脂肪酸。在这些代谢物中,磷在自然界中经常以磷酸盐的形式存在,在碱性条件下以磷酸氢的形式存在,实验中衍生化试剂为碱性。苯基膦酸通常用于配位聚合物、催化剂和杂环聚合物等材料中。这种代谢物是一种化学试剂。推测玉米中苯基膦酸的检测可能是由于苯环与游离磷和羟基的结合反应。

13-十八烯酸是在酰基载体蛋白中的脂肪酸合成或分解过程中形成的。13-二十二烯酸的合成有三个阶段:①脂肪酸链的基本合成(在质体中);②油酸的形成(在内质网中);③单不饱和脂肪酸链的延伸(在内质网中)。合成的第三相是以第一相中的油酸为基础,通过超长脂肪酸链的延长循环将碳链延长。每个循环可以将原来脂肪酸的碳链延长两个碳原子,进而合成芥酸酰胺。

表 4 – 2　JY88 与另两种玉米相比的差异代谢产物

序号	保留时间（min）	名称
1	15.859	苯膦酸
2	22.502	反式 – 13 – 十八烯酸
3	28.334	芥酸酰胺

在表 4 – 3 中,HN18 玉米的具体代谢产物表现为十二烷、甘油、半乳糖、甘露醇、蔗糖、麦芽糖、菜油甾醇、豆甾烯酮和麦角甾烷等。具体的代谢物主要可以分为糖类、植物甾醇和中间体,它们主要参与脂肪酸的合成和分解以及糖类的代谢。

表 4 – 3　HN18 与另两种玉米相比的差异代谢产物

序号	保留时间（min）	名称
1	5.674	十二烷
2	8.817	甘油
3	15.22	阿拉伯糖
4	17.789	半乳糖
5	18.944	甘露醇
6	19.574	呋喃核糖
7	26.876	蔗糖
8	29.075	麦芽糖
9	32.564	菜油甾醇
10	32.465	豆甾烯酮
11	33.568	麦角甾烷

在这些代谢产物中,十二烷在酰基载体蛋白的合成或脂肪酸的代谢过程中积累,甘油参与脂质代谢、糖酵解、糖原异源等途径。代谢后,十二烷主要为机体提供能量,减少合成反应的能量,所涉及的代谢途径也是脂肪和蛋白质代谢的最终途径。半乳糖可以在酶的作用下由半乳糖醇、山梨糖、甘露糖和甘油转化而来。蔗糖本身是一种参与淀粉和蔗糖代谢的细胞外物质。蔗糖 – 6 – 磷酸在酶的作用下形成,随后进入细胞开始代谢。麦芽糖参与淀粉和蔗糖的代谢。麦芽糖糊精可由淀粉经酶转化而成,麦芽糖可由淀粉酶直接转化而成,也可由 $d – 6 –$ 磷酸葡萄糖转化而成。甘露醇参与果糖和甘露糖的代谢,甘露糖通过酶转化为果糖。植物甾醇是广泛存在于植物细胞和组织中的一种天然活性物质。植物甾醇在植物体内通过甲戊酸途径代谢。这种代谢物能抑制人体对胆固醇的吸收,

防止动脉硬化。植物甾醇介导的抑制肠道胆固醇吸收过程的合成机制至今尚未被清楚和准确地描述,但对胆固醇在肠道内被抑制溶解的一个可能的解释是,在植物甾醇的作用下形成沉淀,肠道不能吸收它。另一种可能的解释是,胆固醇必须含有胆汁盐和卵磷脂的"混合胶束",植物甾醇的水解比胆固醇更容易。这一过程可以降低胆固醇在胶束中的溶解度,降低胆固醇在粪便和尿液中的年龄及其代谢物的减少。麦角甾醇主要存在于真菌中,如霉菌和蘑菇,由于玉米样品中有霉菌,所以可以在玉米中检测到麦角甾醇。

HN18 的特异性代谢产物主要为糖和植物甾醇。这种玉米口感好,易于咀嚼、消化和吸收,能降低血液中的胆固醇,软化血管,预防和治疗冠心病,具有较高的经济价值。

如表 4 - 4 所示,DM99 品种玉米的差异代谢产物为丙酸、乙酰胺、四甘醇、葡萄糖、木吡喃糖、来苏呋喃糖、环丙十四酸、二氯乙酸、海藻糖和尿苷。这些差异代谢产物是糖、脂肪酸、有机酸和中间体,被确定主要参与脂肪酸的合成和分解以及糖的代谢。在淀粉和糖的代谢过程中,磷酸甘油酸激酶在 3 - 磷酸 - d - 甘油酸酰基磷酸的作用下,3 - 磷酸 - d - 甘油酸酰基磷酸被裂解而形成丙酸。这种代谢物也可由丙酸的不完全代谢积累而形成。葡萄糖的主要来源是植物的光合作用,通过糖酵解和柠檬酸循环产生能量,吸收足够的营养物质,为作物的新陈代谢提供物质来源,保护叶片,减少病原菌的危害。木糖参与抗坏血酸和海藻酸的代谢,戊糖和葡萄糖醛酸的相互转化,以及氨基糖和核苷的代谢。木糖可以通过 UDP - 葡萄糖或肌醇在酶的作用下形成古龙酸或通过阿拉伯糖的代谢形成。木糖是某些糖蛋白中连接丝氨酸(或苏氨酸)的糖链单位。木糖在自然界中未观察到游离状态。天然的 d - 木糖作为多糖存在于植物中。蔗糖参与戊糖和葡萄糖醛酸的相互转化过程,葡萄糖醛酸被木糖代谢。海藻糖由两个葡萄糖分子经半缩醛羟基缩合而成。这种糖参与淀粉和蔗糖的代谢,由 UDP 葡萄糖通过海藻糖 - 6 - 磷酸合酶形成。二氯乙酸是由于土壤中的农药残留被微生物降解形成的。产生的海藻糖可以在麦芽糖的作用下被酶转化。尿苷是一种核苷酸,它的全名是尿嘧啶核糖核苷酸。尿苷是 RNA 的合成物质。研究发现,在真核 RNA 中添加 3' - 尿苷酸(U)可能是一种非常常见和保守的现象。目前已发现许多人类疾病与 RNA 尿苷化有关,如癌症或心肌强直性营养不良。在脂肪酸合成氧化和丙酮酸生成乙酰辅酶 a 的过程中,可能存在乙酰基。乙酰胺有可能是其代谢途径中的中间体或乙酰基和游离氨基的组合。实验试剂中存在氯,检测到二氯乙酸、乙酸可通过乙酰辅酶 a 或乙醛转化。据推测,四甘醇是乙醇的衍生物。

表 4 – 4　DM9 与另两种玉米相比的差异代谢产物

序号	保留时间(min)	名称
1	5.187	丙酸
2	8.794	乙酰胺
3	11.283	四甘醇
4	17.874	D – 葡萄糖
5	19.205	木吡喃糖
6	19.31	来苏呋喃糖
7	19.825	环丙十四酸
8	23.676	二氯乙酸
9	27.45	海藻糖
10	28.158	尿苷

当代谢产物参与代谢途径时,最终要表达的物质导致玉米品种不同。例如 HN18 品种玉米中的甘油参与了三酰基甘油生物合成途径,三酰基甘油是脂蛋白的重要组成部分,作为食物中能量和脂肪的载体,在代谢中发挥着重要作用。三酰甘油的能量密度是糖和蛋白质的两倍,其含量与动脉硬化有关。DM9 品种玉米的差异代谢物可以归结为糖、脂肪酸和有机酸,这种玉米比其他两个品种品质好,产量高。从表 4 – 2 ~ 表 4 – 4 的比较可以看出,不同的玉米品种具有不同的代谢产物,3 个品种的玉米虽在同一地方种植,但各有各的基因和特征,其代谢途径和代谢机制仍会存在不同。3 个品种中,HN18 品种玉米是抗病性强、产量大的主要品种。通过对 3 个玉米品种的比较分析发现,DM9 品种玉米与 HN18 品种玉米的差异主要体现在植物甾醇方面。推测植物甾醇的差异导致 HN18 品种玉米比 DM9 品种玉米具有更强的抗病能力,籽粒容重也高于 DM9 品种玉米。JY88 品种玉米与其他两个品种差异最大,其外观和抗病性均较其他两个品种差。HN18 品种玉米的营养价值最高,JY88 品种玉米的营养价值最低。面对相同环境的变化,3 个玉米品种对不同代谢产物表现出不同的代谢机制和反应,代谢出的代谢产物不同,玉米的营养和价值也发生了变化,这也可能与不同玉米品种基因表达不同有关。

4.3.4　未知代谢产物结构的鉴定

根据硅烷化原理,推测甲硅烷基会取代活性氢,从而降低化合物的极性,降低与氢键的结合,形成挥发性的衍生物,推测 $C_6H_{16}O_2Si$ 是丙二醇,推测 $C_{18}H_{40}O_2$ Si 为 1,3 – 丙二醇 – 乙基 – 十四烷基醚,推测 $C_{13}H_{32}O_4Si_2$ 为 1,2,4,5 – 对丁基苯甲酸、3,3 - 二甲基和6,6 - 二乙基,推测 $C_{33}H_{58}OSi$ 为软木三萜酮,其结构式如图 4 - 4 所示。

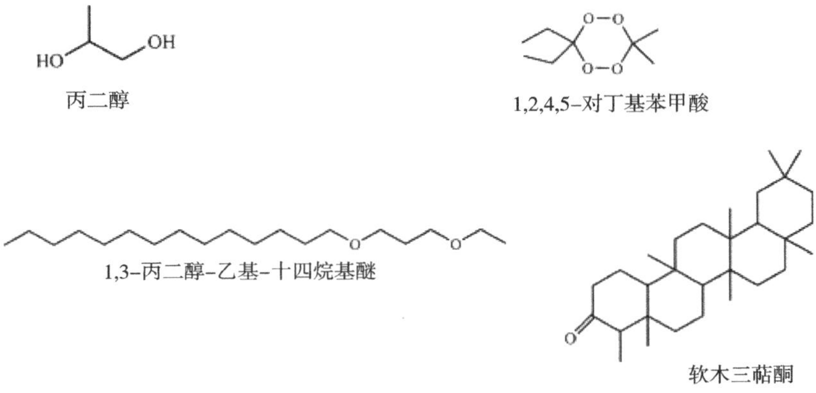

丙二醇

1,2,4,5-对丁基苯甲酸

1,3-丙二醇-乙基-十四烷基醚

软木三萜酮

图 4 - 4　推测未知结构的结构式

4.4　小结

本研究采用 GC - MS 非靶向代谢谱分析方法,建立了 3 个不同玉米品种 (*Zea mays* L.)的代谢组学,并对三个品种玉米(*Zea mays* L.)代谢产物进行了分离鉴定。结果发现,JY88 品种玉米中存在 3 种差异代谢产物,主要参与脂肪代谢。发现 HN18 品种玉米有 11 种差异代谢产物,在这 11 种代谢产物中,糖含量最多,其次是植物甾醇,脂肪酸和中间产物只有 1 种。在 KEGG 数据库中发现了植物甾醇的代谢途径,它也参与了脂肪和糖的代谢。DM9 品种玉米的 10 种代谢产物中糖类含量最高,其次为脂肪酸、中间产物和有机酸。这些代谢产物参与脂肪和糖的代谢。HN18 品种玉米抗病性强,粮食产量大。HN18 品种玉米的抗病性强于 DM9 品种玉米,籽粒容重高于 DM9 品种玉米。JY88 品种玉米的性能较其他两个品种差。HN18 品种玉米的营养价值最高,JY88 品种玉米的最低。这些结果表明,3 个玉米品种的代谢产物、代谢途径和代谢机制不同,这导致了 3 个玉米品种表达的特性不同。

参考文献

[1] LI LS, PAN SQ, ZHANG S. W. Current Situation and Development Countermeasures of Corn Seed Processing Industry in China [D]. Journal of

Jilin Agricultural University, 2001: 116 – 120.

[2] YE YS. , SUN J, HAO N. Current status of corn germplasm resources innovation in China[J]. Seed, 2008(10): 76 – 78.

[3] ROH KB, KIM H, SHIN S. ANTI – INFLAMMATORY EFFECTS OF ZEA MAYS L. husk extracts[J]. BMC Complementary and Alt – ernative Medicine, 2016, 16(1): 298.

[4] SHAO Y, LE W. Recent advances and perspectives of metabolomics – based investigations in Parkinson's disease[J]. Molecular Neurodegeneration, 2019, 14(1): 3.

[5] KRONE N, HUGHES B. A, Laver G. G. Gas chromatography/mass spectrometry (GC/MS) remains a pre – eminent discovery tool in clinical steroid investigations even in the era of fast liquid chromatography tandem mass spectrometry (LC/MS/MS)[J]. Journal of Steroid Biochemistry, 2010, 121(3 – 5): 496 – 504.

[6] ZHANG LY, YU YB, WANG CY. Isolation and identification of metabolites in chinese northeast potato (Solanum tuberosum L.) tubers using gas chromatography – mass spectrometry[J]. Food Analytical Methods, 2019, 12: 51 – 58.

[7] FENG Y C, FU TX, ZHANG LY, et al. Research on Differential Metabolites in Distinction of Rice (Oryza sativa L.) Origin Based on GC – MS[J]. Journal of Chemistry, 2019, 2019: 1 – 7.

[8] FLORENT, COREY B, DARREN C. GC – MS metabolomics to evaluate the composition of plant cuticular waxes for four triticum aestivum cultivars [J]. International Journal of Molecular Sciences, 2018, 19(2): 249.

[9] KANG ZY, BABAR MA, KHAN N. Comparative metabolomic profiling in the roots and leaves in contrasting genotypes reveals complex mechanisms involved in post – anthesis drought tolerance in whea[J]. Plos One, 2019, 14(3): 1 – 25.

[10] PARK HY, SHIN JH, BOO HO. Discrimination of platycodon grandiflorum and codonopsis lanceolata using gas chromatography massspectrometry based metabolomics approach[J]. Talanta, 2019, 192: 486 – 491.

[11] HARRIGAN GG, VENKATESH TV, LEIBMAN M. Evaluation of metabolomics profiles of grain from maize hybrids derived from near – isogenic GM positive and negative segregant inbreds demonstrates that observed differences cannot be

attributed unequivocally to the GM trait[J]. Metabolomics, 2016, 12: 1 – 14.

[12] SITU LL, YUAN CY. Secondary metabolites: metabolic pathways, classification, action and production (Ⅰ)[J]. Journal of Mudanjiang Teachers College (Natural Science Edition),2001, 3: 14 – 18.

[13] TIAN DY, WANG SA, WANG LH. The Biosynthesis and Metabolic Engineering of Very Long – chain Monounsaturated Fatty Acid[J]. Biotechnology Bulletin, 2015, 31(12): 42 – 49.

[14] LIU XL, CHEN GH, ZHAO R. The Lipid – lowering Function of Plant Sterols and Stanols[J]. Modern Food, 2018, 20: 44 – 47.

[15] ZHANG H, ZHAO X, DING X. A study on the consecutive preparation of d – xylose and pure superfine silica from rice husk[J]. Bioresource Technology, 2010, 101(4): 1263 – 1267.

[16] GRIFFITHS CA, PAUL MJ, FOYER CH. Metabolite transport and associated sugar signalling systems underpinning source/sink interactions[J]. Biochimica et Biophysica Acta (BBA) – Bioenergetics, 2016, 1857(10): 1715 – 1725.

[17] HAGAN JP, PISKOUNOVA E, GREGORY RI. Lin28 recruits the TUTase Zcchc11 to inhibit let – 7 maturation in mouse embryonic stem cells[J]. Nature Structural & Molecular Biology, 2009, 16(10): 1021 – 1025.

[18] TREIBER T, TREIBER N, MEISTER G. Regulation of micro RNA biogenesis and function[J]. Thrombosis and Haemostasis, 2012, 107(4): 605 – 610.

[19] YAO T, TIAN BL, HU D. Relation between triglyceride and high density lipoprotein cholesterol ratios with progression of arterial stiffness in normotensive subjects[J]. The Journal of Practical Medicine, 2018, 34(24): 4072 – 4075.

[20] LIU YJ, XIAO L, LUO LM. Determination of free sugars in Rhizoma Polygonati Odorati by silanization GC/MS[J]. International Journal of Pharmaceutical Research, 2018, 45(6): 472 – 478.

[21] SKOGERSON K, HARRIGAN GG, REYNOLDS TL. Impact of genetics and environment on the metabolite composition of maize grain[J]. Journal of Agricultural and Food Chemistry, 2010, 58(6), 3600 – 3610.

[22] CHOTANI GK, HERFERT, KF, REIMANN J. Enzyme production in culture medium comprising raw glycerol[P].: US8012713,2011 – 9 – 6.

[23] MOMO I J, KUETE V, DUFAT H, et al. Antimicrobial avtivity of the

methanolic extract and compounds from the stem bark of garcinia lucida vesque (clusiaceae) [J]. International Journal of Pharmacy & Pharmaceutical Sciences, 2011, 3(3):215 - 217.

第5章 非转基因玉米与转Bt
基因玉米差异代谢产物分析

转基因生物对农业和食品工业有着巨大的影响。其中,转Bt基因的苏云金芽孢杆菌(Bacillus thuringiensis, Bt)转基因抗虫玉米是目前商业种植中生长最快的商品作物之一,它包含苏云金芽孢杆菌 *Cry1Ab* 基因。

转Bt基因玉米因具有特定且高效的目标性状而受到种植者的欢迎。据国际农业生物技术应用服务组织(ISAAA)统计,2018年全球已有14个国家和地区种植转基因玉米5890万 hm^2,其中转Bt基因抗虫玉米达到550万 hm^2,耐除草剂玉米560万 hm^2,聚合抗虫/耐除草剂玉米4780万 hm^2。我国玉米种植面积稳定在4200万 hm^2,虫害是影响玉米高产、稳产以及优质的重要问题之一。因此,抗虫始终是玉米品种改良的重要研究内容,也是利用现代生物技术进行作物品种改良的首选目标性状之一。

种植转基因抗虫作物可显著减少化学杀虫剂的使用,从而降低环境污染。同时因其特异性的杀虫特点,对非靶标生物安全,可保护生物多样性。

苏云金芽孢杆菌(Bacillus thuringiensis, Bt)是从土壤微生物苏云金芽孢杆菌中分离出来的杀虫晶体蛋白基因,简称Bt杀虫蛋白基因。苏云金芽孢杆菌即Bt芽孢形成的过程中产生的杀虫蛋白晶体(insecticidal crystal protein, ICP)对鳞翅目、鞘翅目、双翅目等多种害虫具有特异的杀虫作用,尤其是Cry基因,因其编码的Cry杀虫蛋白生物活性强而被广泛应用。目前,全球应用最广泛的抗虫作物主要为跨国公司研发的表达Cry和Vip类杀虫蛋白的转基因作物。

1995年,第一个转Bt基因玉米在美国正式注册,次年,Event176(*Cry1Ab*)玉米注册并商业化种植。自转Bt基因玉米引入以来,虽然转Bt基因玉米的一些改良性状能够满足人们的要求,但其安全性仍然存在争议,受到消费者和生态团体的质疑。科学家和政府对转Bt基因玉米也有不同的态度。

第一是毒性问题。一些研究学者认为,对于基因的人工提炼和添加,可能在达到某些效果的同时,也增加和积聚了食物中原有的微量毒素。

第二是过敏反应问题。对于一种食物过敏的人有时还会对一种以前他们不过敏的食物产生过敏,例如,科学家将玉米的某一段基因加入核桃、小麦和贝类动物的基因中,蛋白质也随基因加了进去,那么,以前吃玉米过敏的人就可能对这些核桃、小麦和贝类食品过敏。

第三是营养问题。科学家们认为外来基因会以一种人们还不甚了解的方式破坏食物中的营养成分。

第四是对抗生素的抵抗作用。当科学家把一个外来基因加入植物或细菌中,这个基因会与别的基因连接在一起。人们在服用了这种改良食物后,食物会在人体内将抗药性基因传给致病的细菌,使细菌产生抗药性。

第五是对环境的威胁。在许多基因改良品种中包含有从杆菌中提取出来的细菌基因,这种基因会产生一种对昆虫和害虫有毒的蛋白质。在一次实验室研究中,一种蝴蝶的幼虫在吃了含杆菌基因的马利筋属植物的花粉之后,产生了死亡或不正常发育的现象,这引起了生态学家们的另一种担心,那些不在改良范围之内的其他物种有可能成为改良物种的受害者。

第六,生物学家们担心为了培养一些更具优良特性,如具有更强的抗病虫害能力和抗旱能力等,而对农作物进行的改良,其特性很可能会通过花粉等媒介传播给野生物种。

但是对于转 Bt 基因玉米是否安全还需要进一步评估,代谢组学技术研究生物体内所有代谢物的动态变化。这些代谢物的变化可以反映一个有机体的生命体征。代谢组学技术已被应用于许多领域,如环境对生物体的影响、疾病诊断、植物的变化等。有针对性的分析和无针对性的分析是代谢组学的主要研究策略。非靶向代谢组学分析是对生物体内源代谢物进行系统、全面的分析。这是一个基于有限的相关研究和背景知识的公正的代谢组学分析。通过获取大量的代谢物数据并对其进行处理,找出特定的代谢物是一种研究方法。

近年来,核磁共振(NMR)、气相色谱—质谱(GC – MS)、液相色谱—质谱(LC – MS)、毛细管电泳—质谱(CE – MS)已被广泛应用于代谢组学研究,其中以 NMR 和 GC – MS 最为常用。气相色谱—质谱由于被测物质的多样性、检出限的广泛覆盖以及在同系物中识别同分异构体的优点而被广泛使用。

本研究采用 GC – MS 结合非靶向代谢组学技术分离并鉴定了非转基因和 Bt 转基因玉米(*Zea mays* L.)的代谢产物。利用 KEGG 数据库对非转基因玉米和 Bt 转基因玉米(*Zea mays* L.)特异性代谢产物的代谢途径进行了比较分析。探讨了代谢物的代谢机理。本研究为玉米的进一步加工和阐明代谢产物的产生机制提供了信息。这些结果也可以通过分析非转基因和 Bt 转基因玉米的特定代谢物来进一步改善玉米的品质或其他特性,并为其分类提供依据。

5.1　材料和设备

5.1.1　植物材料

以商品品种为试验材料,对非转基因玉米和转基因玉米进行了田间试验。即玉米(野生型及其 Bt 转基因品种)在相同的田间条件下同时生长。用 3 个生物重复序列测定每个品种的代谢物。在保护范围内,按照代表性取样原则,采用棋盘抽样法随机采集玉米。玉米样品经粉碎、筛分,再用四分法制备。玉米粉状样品在液氮作用下粉碎,经 100 目筛分, $-80℃$ 保存,直至分析。

5.1.2　化学试剂

甲醇、异丙醇和乙腈(色谱级)来自美国 Fisher 技术公司;N,O – 双(三甲基硅基)三氟乙酰胺(BSTFA),甲氧胺盐酸盐和吡啶来自美国 Sigma – Aldrich 公司;结构鉴定的标准物质来自美国 Sigma – Aldrich 公司和国家药品和生物制品控制研究所(北京,中国);色谱级用水来自美国米利波尔公司的 Milli – q 水净化系统,用于制备所有的水溶液。所有其他分析级试剂均来自北京化工厂(北京,中国)。

5.1.3　仪器设备

GC – MS – QP 2010(岛津技术有限公司,日本)配备的 EI 离子源,四极质量分析仪,AOC – 20 i 自动采样器;HP – 5 ms 分离柱(30 m × 0.25 mm × 0.25 μm)(美国 Agilent 有限公司);CR3i 离心机(美国赛默飞世尔公司);DGG – 9140A 型电恒温鼓风干燥箱(中国上海森信仪器有限公司);DRP – 9082 电热恒温培养箱(中国上海森信仪器有限公司);MTN – 2800D 氮吹浓缩器(中国天津奥特森仪器有限公司)。

5.2　研究方法

5.2.1　代谢产物的萃取

将 50 mg 粉末样品放入 2 mL EP 管中。然后在 EP 管中加入 800 μL 80% 甲醇和 10 μL 内标物（2 - 氯苯丙氨酸）。用力摇晃 1 min。均质 1 min 后,置于 4℃、12000 r/min 的离心机中离心 15 min,取 200 μL 上清转移到样品瓶中,用氮气吹干。

5.2.2　代谢产物的衍生化

取 30 μL 盐酸吡啶溶液溶解干残液,快速混匀至完全溶解。37℃培养箱孵育 90 min,加入 BSTFA 30 μL,70℃衍生 60 min。衍生化处理后,得到的分析液在 24 h 内进行分析。所有实验都有 3 个重复。

5.2.3　GC - MS 分析

色谱柱为 Rxi - 5Sil MS（30 m × 0.25 mm × 0.25 μm）。柱温设置为 80℃,进样温度设置为 240℃,分流进样方式。流动控制方式为恒定线速度。以氦气为载气,流速为 1.20 mL/min,线速为 40.4 cm/sec,分流比率为 15∶1。温度程序最初设置在 80℃（保持 2 min）,以 10℃/min 的速度增加至 320℃,然后设置在 320℃（保持 6 min）。将离子源温度设置为 230℃,界面温度调整为 300℃。溶剂切割时间为 2 min,采集方式为 Q3 Scan,扫描范围为 45 ~ 550（m/z）。用自动进样器将 1 μL 分析液注入色谱仪。

5.2.4　代谢产物分析

代谢物的鉴定首先通过与 NIST 14 标准数据库进行比较,随后用在相同条件下测量的标准进行验证。将无法鉴定的未知代谢物记录在数据库中,以便后续身份鉴定。对获得的信息进行整理,并对不同玉米品种的特定代谢物进行研究。

5.3　结果与讨论

5.3.1　代谢产物的分离与鉴定

通过运用气相色谱—质谱法分别从非转基因（non - GMO）玉米和转苏云金芽孢杆菌（Bt）基因的玉米中提取出代谢产物进行分离和鉴定,其总离子流图分别如图 5 -1 和图 5 -2 所示,基线稳定,代谢产物分离效果较好。

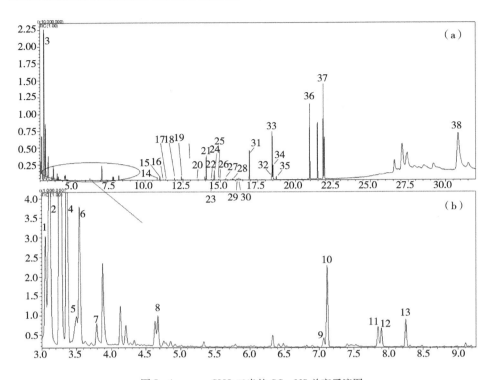

图 5 - 1　non - GMO 玉米的 GC - MS 总离子流图
（a）非转基因玉米代谢产物 35 个峰总图　（b）非转基因玉米代谢产物峰值在 3.00 ~ 9.00 min 的峰数

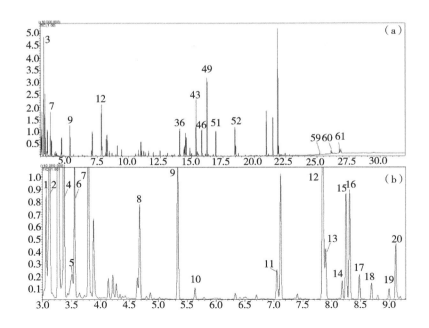

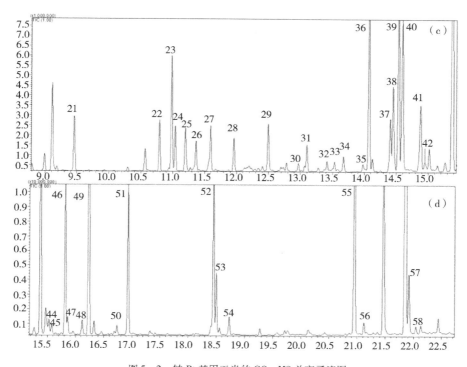

图 5 - 2 转 Bt 基因玉米的 GC - MS 总离子流图
（a）转 Bt 玉米代谢产物 55 个峰总图 （b）转 Bt 玉米代谢产物峰值在 3.00 ~ 9.00 min 的峰数 （c）转 Bt 玉米代谢产物峰值在 9.00 ~ 15.00 min 的峰数 （d）转 Bt 玉米代谢产物峰值在 15.50 ~ 22.50 min 的峰数

在两种玉米中,共检测出 66 种代谢产物,如表 5 - 1 所示,其中转 Bt 基因玉米代谢产物有 61 种,non - GMO 玉米有 38 种,主要分为有机酸如乳酸、苹果酸、柠檬酸、丁二酸、丁烯二酸、丙酸、丙烯酸,无机酸如磷酸,脂肪酸如甘油、棕榈酸、9,12 - 十八烷二烯酸(Z,Z)、9 - 十八碳烯酸、硬脂酸、2 - 单棕榈酸甘油,氨基酸如 L - 正缬氨酸、L - 脯氨酸、L - 缬氨酸、左旋谷氨酸、天门冬胺、酪氨酸、L - 丙氨酸、甘氨酸、左旋谷酰胺、L - 异亮氨酸、L - 脯氨酸、丝氨酸、L - 苏氨酸、L - 赖氨酸,糖醇如苏糖醇、木糖醇、葡萄糖醇,糖如呋喃葡萄糖、吡喃半乳糖、呋喃半乳糖、D - 葡萄糖、蔗糖、帕拉金糖、呋喃果糖、果糖、呋喃甘露糖、吡喃葡萄糖、半乳糖、呋喃塔罗糖、纤维二糖、乳糖,维生素如肌醇,植物甾醇如菜油甾醇、谷甾醇,中间产物如氨基甲酸、乙基丙二酸,其他产物如乙亚胺酸、N - 甲基丙酰胺、乙酰胺、丁醇、叔丁胺、2,2 - 磺酰基双乙醇、苯丙氨酸、3 - 氨基 - 2 - 哌啶酮、顺式 - 4 - 氨基环己烷羧酸、氨基丁酸、甘油酸、甲基丙酸。

表 5 −1　两种玉米中的代谢产物

保留时间（min）	名称	非转基因玉米		转 Bt 基因玉米	
		序号（图 5 −1）	结果	序号（图 5 −2）	结果
3.063	乙亚胺酸	1	#	1	#
3.121	N −甲基丙酰胺	2	#	2	#
3.271	乙酰胺	3	#	3	#
3.369	L −正缬氨酸	4	+	4	+
3.509	丁醇	5	#	5	#
3.554	叔丁胺	6	#	6	#
3.795	2,2 −磺酰基双乙醇	7	#	7	#
4.679	乳酸	8	+	8	+
5.341	L −丙氨酸		——	9	+
5.636	甘氨酸（古龙贡米）		——	10	+
7.050	L −缬氨酸	9	+	11	+
7.163	氨基甲酸	10	+		——
7.846	磷酸	11	+	12	+
7.896	甘油古龙贡米	12	+	13	+
8.181	L −异亮氨酸			14	+
8.248	L −脯氨酸	13	+	15	+
8.309	4 −氨基丁酸		——	16	+
8.478	丁二酸		——	17	+
8.686	甘油酸（古龙贡米）		——	18	+
8.992	丁烯二酸		——	19	+
9.109	丝氨酸		——	20	+
9.458	L −苏氨酸		——	21	+
10.794	苹果酸	14	+	22	+
10.982	3 −氨基 −2 −哌啶酮	15	+	23	+
11.038	苏糖醇		——	24	+
11.197	天门冬胺	16	+	25	+
11.364	顺式 −4 −氨基环己烷羧酸	17	+	26	+
11.593	甲基丙酸		——	27	+
11.957	L −缬氨酸	18	+	28	+
12.404	左旋谷氨酸（L −古龙贡米）	19	+		——
12.494	苯丙氨酸		——	29	+

续表

保留时间（时间）	名称	非转基因玉米		转 Bt 基因玉米	
		序号（图 5 - 1）	结果	序号（图 5 - 2）	结果
12.969	D - 呋喃阿拉伯糖		—	30	+
13.100	2 - 羟基异己酸		—	31	+
13.416	L - 赖氨酸		—	32	+
13.531	木糖醇		—	33	+
13.671	左旋谷酰胺（L - 古龙贡米）		—	34	+
13.979	磷酸	20	+	35	+
14.071	丙酸	21	+	36	+
14.384	乙基丙二酸	22	+		—
14.405	呋喃葡萄糖（古龙贡米）	23	+	37	+
14.448	D - 呋喃果糖		—	38	+
14.592	D - 果糖		—	39	+
14.604	柠檬酸	24	+	40	+
14.881	L - 呋喃甘露糖	25	+	41	+
14.909	D - 吡喃葡萄糖（D - 古龙贡米）	26	+	42	+
15.335	吡喃半乳糖	27	+	43	+
15.526	D - 半乳糖		—	44	+
15.576	丙烯酸		—	45	+
15.815	D - 葡萄糖醇（D - 古龙贡米）		—	46	+
15.858	酪氨酸	28	+	47	+
16.117	β - D - 呋喃半乳糖	29	+	48	+
16.231	D - 葡萄糖	30	+	49	+
16.735	塔罗呋喃糖		—	50	+
16.930	棕榈酸	31	+	51	+
18.405	肌醇	32	+		—
18.449	9,12 - 十八烷二烯酸（Z,Z）	33	+	52	+
18.501	9 - 十八碳烯酸（E） -	34	+	53	+
18.731	硬脂酸	35	+	54	+
20.950	蔗糖	36	+	55	+
21.121	2 - 单棕榈酸甘油		—	56	+
21.975	古龙贡米	37	+	57	+
22.043	D - 纤维二糖		—	58	+

续表

保留时间 （min）	名称	非转基因玉米		转 Bt 基因玉米	
		序号（图5-1）	结果	序号（图5-2）	结果
25.204	β-D-乳糖	—		59	+
26.176	菜油甾醇	—		60	+
26.752	谷甾醇	—		61	+
31.385	帕拉金糖	38	+		—

（"#"表示衍生化试剂产生；"+"表示有此类代谢产物；"—"表示没有此类代谢产物）

其中乙亚胺酸、N-甲基丙酰胺、乙酰胺、丁醇、叔丁胺、2,2-磺酰基双乙醇为衍生化试剂形成的，在此不做讨论。以上化合物均经 NIST 数据库进行了精确的表征和结构的确定。

5.3.2 non-GMO 玉米的差异代谢产物分析

5.3.2.1 差异代谢产物的种类与含量分析

与转 Bt 基因玉米相比，non-GMO 玉米的差异代谢产物共有 5 种，分别为氨基甲酸、左旋谷氨酸、乙基丙二酸、肌醇、帕拉金糖，主要分为有机酸、氨基酸、糖类和中间产物，如表 5-2 所示。

表 5-2　non-GMO 玉米差异代谢产物

序号	保留时间（min）	名称
10	7.163	氨基甲酸
19	12.404	左旋谷氨酸（L-古龙贡米）
21	14.384	乙基丙二酸
29	18.405	肌醇
36	31.385	帕拉金糖

糖类属于碳水化合物，其比重在玉米中较大，帕拉金糖的含量较多可能是因为蔗糖转换较多；肌醇、左旋谷氨酸则是生物代谢途径过程中积累的代谢产物，而氨基甲酸、乙基丙二酸则推测为生物代谢途径中的中间产物。

5.3.2.2 差异代谢产物的代谢途径和代谢机制的初步探讨

与 KEGG 数据库进行比较，发现非转基因玉米差异代谢产物参与的代谢途径。主要包括氨基酸代谢、三羧酸循环、糖代谢等途径。

氨基甲酸在氮代谢途径中由碳酸氢根和氰酸酯通过氰酸裂合酶代谢而成，进一步代谢成胺，该反应式如图 5-3 所示，直系同源基因为 cynS。氰酸酯是

Stroh 和 Gerbe 于 1960 年合成的,也可在菜籽贮存、加工、运输过程中因有破损而产生,而氰酸酯也可以通过氨基甲酸酯、磷酸酯在体内自发离解而形成,这是导致真核生物和原核生物合成嘧啶和氨基酸——精氨酸的主要底物,同时,氰酸盐可以通过氰化植物中常见的植物防御分子 HCN 的氧化而形成,既可以通过微生物的氰化物单加氧酶进行氧化,也可以通过自发的光氧化发生,还可以通过硫氰酸盐作为中间介质间接发生,而且在抗坏血酸代谢中发现氰离子,在木糖代谢中发现氰胺,推测玉米中的氰酸酯可能是自体解离产生或因氧化后在实验过程中产生。氰酸裂合酶在依赖于碳酸氢盐且与水无关的反应中催化氰酸盐分解为氨和二氧化碳,在细菌中,氰化酶具有多种生理功能,范围从氰酸盐解毒和生成 NH_3 作为替代 N 源,到生产用于固定在光合蓝细菌中的二氧化碳,所以氰化酶可以在排毒中发挥重要作用,而且氰化酶活性还可能调节氨基酸或嘧啶代谢。

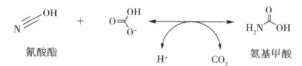

图 5-3   氨基甲酸代谢

　　左旋谷氨酸参与了丙氨酸、天冬氨酸和谷氨酸代谢,分别由 α-酮戊二酸、4-氨基丁酸、1-吡咯啉-5-羧酸盐、L-谷氨酰胺通过酶代谢而成,并与 α-酮戊二酸、1-吡咯啉-5-羧酸盐、L-谷氨酰胺相互转化,是在代谢过程中积累形成的;肌醇则是通过磷酸肌醇代谢出来的;帕拉金糖又名异麦芽酮糖(α-D-吡喃葡糖基-1,6-D-果糖),由葡萄糖和果糖以 α-1,6-糖苷键链接形成的还原性二糖,是一种蔗糖异构体。蔗糖在热的条件下容易发生化学反应,推测蔗糖在实验过程中发生双键转移,也可能是微生物中的蔗糖异构酶作用,将蔗糖的双糖键从(1→2)转移到(1→6)而形成帕拉金糖,即使是较少的菌体都会引起这种转化。在数据库中没有找到丙二酸的具体代谢途径,推测因其他代谢产物断键或某一代谢途径过程中的中间代谢而形成的。

5.3.3   转 Bt 基因玉米的差异代谢产物分析

5.3.3.1   差异代谢产物的种类与含量分析

　　与 non-GMO 玉米相比,转 Bt 基因玉米的差异代谢产物共有 28 种,分别为 L-丙氨酸、甘氨酸、L-异亮氨酸、4-氨基丁酸、丁二酸、甘油酸、丁烯二酸、丝氨酸、L-苏氨酸、苏糖醇、甲基丙酸、苯丙氨酸、D-呋喃阿拉伯糖、2-羟基异己酸、

L‐赖氨酸、木糖醇、左旋谷酰胺、D‐呋喃果糖、D‐果糖、D‐半乳糖、丙烯酸、D‐葡萄糖醇、塔罗呋喃糖、2‐单棕榈酸甘油、D‐纤维二糖、β‐D‐乳糖、菜油甾醇、谷甾醇,主要分为氨基酸、糖类、脂肪酸、植物甾醇及中间产物,如表5‐3所示。

表5‐3　转 Bt 基因玉米差异代谢产物

序号	保留时间（min）	名称
9	5.341	L‐丙氨酸
10	5.636	甘氨酸（古龙贡米）
14	8.181	L‐异亮氨酸
16	8.309	4‐氨基丁酸
17	8.478	丁二酸
18	8.686	甘油酸（古龙贡米）
19	8.992	丁烯二酸
20	9.109	丝氨酸
21	9.458	L‐苏氨酸
24	11.038	苏糖醇
27	11.593	甲基丙酸
29	12.494	苯丙氨酸
30	12.969	D‐呋喃阿拉伯糖
31	13.100	2‐羟基异己酸
32	13.416	L‐赖氨酸
33	13.531	木糖醇
34	13.671	左旋谷酰胺（L‐古龙贡米）
38	14.448	D‐呋喃果糖
39	14.592	D‐果糖
44	15.526	D‐半乳糖
45	15.576	丙烯酸
46	15.815	D‐葡萄糖醇（D‐古龙贡米）
50	16.735	塔罗呋喃糖
56	21.121	2‐单棕榈酸甘油
58	22.043	D‐纤维二糖
59	25.204	β‐D‐乳糖
60	26.176	菜油甾醇
61	26.752	谷甾醇

在转 Bt 基因玉米的代谢循环中发现，其氨基酸的种类与含量均较 non - GMO 玉米中氨基酸种类与含量多，因为转 Bt 基因玉米通过表达苏云金芽孢杆菌 CrylAb 蛋白来使害虫致死，随着蛋白表达的升高，该玉米的代谢途径发生改变，三羧酸循环和能量代谢明显高于 non - GMO 玉米，所以其中间代谢产物多，差异代谢产物的种类较 non - GMO 玉米多。其次，在差异代谢产物中糖类也有多种，其中一些中间代谢产物是脂类、氨基酸等合成的前体。

5.3.3.2　差异代谢产物的代谢途径和代谢机制的初步探讨

与 KEGG 数据库比较发现，转 Bt 基因玉米的差异代谢产物参与了氨基酸代谢、糖代谢、三羧酸循环、植物甾醇代谢途径。

其中氨基酸类是通过蛋白质代谢出来的，L - 丙氨酸参加丙氨酸代谢，与丙酮酸、D - 丙氨酸相互转化或通过 L - 天冬氨酸代谢形成。甘氨酸与 L - 丝氨酸通过甘氨酸羟甲基转移酶相互转化，甘氨酸羟甲基转移酶的直系同源基因为古龙贡米 yA；也可与乙醛酸通过谷氨酸—乙醛酸转氨酶、丙氨酸—乙醛酸转氨酶相互转化，两种酶的直系同源基因为 GGAT、AGXT2；还可通过苏氨酸醛缩酶与 L - 苏氨酸和 L - 异源苏氨酸相互转化，苏氨酸醛缩酶的直系同源基因为 ItaE；或者通过甘氨酸脱氢酶代谢成二氧化碳、H 蛋白 - S - 氨基甲基二氢脂酰赖氨酸，甘氨酸脱氢酶的直系同源基因为古龙贡米 DC、gcvP；而且可由肌氨酸通过肌氨酸氧化酶代谢，肌氨酸氧化酶的直系同源基因为 PIPOX，也可由嘌呤代谢产生。

L - 异亮氨酸在苏氨酸代谢中产生。丝氨酸可通过磷酸左旋丝氨酸经磷酸丝氨酸磷酸酶作用后代谢，磷酸丝氨酸磷酸酶的直系同源基因为 serB、PSPH；可与 D - 丝氨酸通过丝氨酸消旋酶相互转化，丝氨酸消旋酶的直系同源基因为 SRR；可与甘氨酸通过甘氨酸羟甲基转移酶、丙氨酸—乙醛酸转氨酶相互转化，两种酶的直系同源基因为古龙贡米 yA、SHMT；也可与羟基丙酮酸通过丙氨酸—乙醛酸转氨酶相互转化，丙氨酸—乙醛酸转氨酶的直系同源基因为 AGXT；并且通过苏氨酸脱水酶转化成丙酮酸，苏氨酸脱水酶的直系同源基因为 SDS、SDH、CHA1。苯丙氨酸通过天冬氨酸转氨酶、酪氨酸转氨酶、组氨醇磷酸氨基转移酶与酮酸相互转化，三种酶的直系同源基因为 GOT1、TAT、hisC；也可通过苯丙氨酸解氨酶、酪氨酸氨解酶代谢成反肉桂酸，两种酶的直系同源基因为 PAL、PTAL；或者通过芳香族 L - 氨基酸/L - 色氨酸脱羧酶代谢成苯乙胺，芳香族 L - 氨基酸/L - 色氨酸脱羧酶的直系同源基因为 DDC、TDC。其氨基酸代谢途径如图 5 - 4 所示。

D - 呋喃阿拉伯糖可通过戊糖和葡萄糖醛酸酯代谢，通过 L - 阿拉伯糖激酶

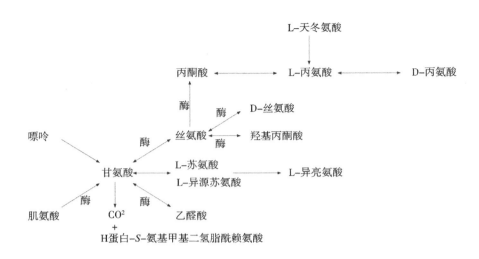

图 5-4　转 Bt 基因玉米的氨基酸代谢

进一步代谢成 β-L-阿拉伯糖 1-磷酸。L-赖氨酸可通过赖氨酸生物合成和生物素代谢而成,或者通过 α-氨基己二酸半醛合酶代谢成酵母氨酸,α-氨基己二酸半醛合酶的直系同源基因为 AASS。左旋谷酰胺参与嘌呤代谢,通过酰胺基磷酸核糖基转移酶代谢成 5-磷酸核糖胺,酰胺基磷酸核糖基转移酶的直系同源基因为 purF、PPAT;左旋谷酰胺参加了丙氨酸、天冬氨酸和谷氨酸代谢,可通过谷氨酸合成酶(NADH)合成 L-谷氨酸,谷氨酸合成酶(NADH)的直系同源基因为古龙贡米 T1;可通过谷氨酰胺-果糖 6-磷酸转氨酶代谢成 D-氨基葡萄糖磷酸酯,谷氨酰胺-果糖 6-磷酸转氨酶的直系同源基因为古龙贡米 mS、GFPT;可通过酰胺基磷酸核糖基转移酶代谢成 5-磷酸核糖胺,酰胺基磷酸核糖基转移酶的直系同源基因为 purF、PPAT;也可由 L-谷氨酸通过谷氨酰胺合成酶代谢形成,谷氨酰胺合成酶的直系同源基因为古龙贡米 nA、古龙贡米 UL;或者在乙醛酸和二羧酸的代谢过程中,通过谷氨酸合酶(铁氧还蛋白)和谷氨酰胺合成酶与 L-谷氨酸相互转化,两种酶的直系同源基因为古龙贡米 nA、古龙贡米 UL。

D-果糖可通过左旋异糖醇-2-脱氢酶与 D-山梨糖醇相互转化,左旋糖

醇 - 2 - 脱氢酶的直系同源基因为 SORD、gutB；可通过木糖异构酶与 α - D - 葡萄糖相互转化，木糖异构酶的直系同源基因为 xyLA；可通过己糖激酶、果糖激酶与 β - D - 果糖 - 6 - 磷酸相互转化，两种酶的直系同源基因为 HK、scrK；也可通过甘露糖异构酶代谢出 D - 甘露糖，甘露糖异构酶的直系同源基因为 SORD、gutB，代谢出的 D - 甘露糖参与了氨基糖和核苷酸糖代谢，通过己糖激酶代谢成 D - 甘露糖 - 6 - 磷酸，己糖激酶的直系同源基因为 HK。D - 葡萄糖在氨基糖和核苷酸糖代谢过程中通过己糖激酶代谢出 α - D - 葡萄糖 - 6 - 磷酸，己糖激酶的直系同源基因为 HK。半乳聚糖通过 β - 半乳糖苷酶代谢出 D - 半乳糖，或者乳糖通过 β - 半乳糖苷酶代谢出 D - 半乳糖，β - 半乳糖苷酶的直系同源基因为 lacZ；而且半乳糖醇、6 - O - α - D - 半乳糖基 - D - 葡萄糖醇、6 - O - （α - D - 半乳糖吡喃糖基）- D - 甘露吡喃糖、3 - β - D - 半乳糖基 - sn - 甘油可通过 α - 半乳糖苷酶代谢出 D - 半乳糖，α - 半乳糖苷酶的直系同源基因为古龙贡米 A。塔格糖参与了半乳糖代谢，与半乳糖醇、D - 塔格糖 - 6 - 磷酸相互转化。D - 纤维二糖是纤维糊精通过 β - 葡萄糖苷酶、纤维素酶、纤维二糖水解酶代谢而成；葡萄糖醇可能是果糖和甘露糖代谢、半乳糖代谢过程中的中间代谢产物。

菜油甾醇和谷甾醇参与了类固醇生物合成，其合成过程如图 5 - 5 所示。具体代谢过程：菜油甾醇由亚甲基胆固醇通过固醇还原酶代谢而成，并且通过类固醇22 - α - 羟化酶代谢出 22 - α - 羟基樟脑醇；谷甾醇由异岩藻甾醇通过固醇还原酶代谢而成，与其相关的基因是 DWF1。木糖醇是一种低热量的戊糖醇，可以在微生物的作用下将木糖转化成木糖醇，在玉米中木糖通过 D - 木糖还原酶、醛糖还原酶、醛糖醇氧化酶代谢成木糖醇，三种酶的直系同源基因为 XR、AKR1B、xyoA、aldO。丁烯二酸即富马酸，在三羧酸循环中，苹果酸通过富马酸酶脱水形成富马酸。

丁酸是短链脂肪酸代谢产物，在玉米中丁酰辅酶 A 可通过乙酸 CoA 转移酶、中链酰基辅酶 A 连接酶大写出丁酸，两种酶的直系同源基因为 atoD、ACSM1、LAE，与磷酸丁酰酯通过丁酸激酶相互转化，丁酸激酶的直系同源基因为 buk；丁二酸是琥珀酸的学名，是富马酸盐通过富马酸酯还原酶、琥珀酸脱氢酶代谢出来的，两种酶的直系同源基因为 frdA、SDHA、SDH1，也是微生物三羧酸循环中的重要代谢中间产物。丁酸和丁二酸都可由微生物产生，甘油酸是一种有机酸，广泛存在于植物体内。

未找到苏糖醇、2 - 羟基异己酸、丙烯酸、2 - 单棕榈酸甘油、β - D - 乳糖的代谢途径，推测是代谢过程的中间产物。

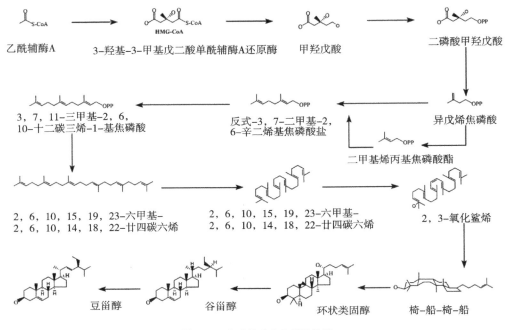

图 5-5　菜油甾醇和谷甾醇代谢

5.3.4　相同代谢产物分析

转 Bt 基因玉米和 non-GMO 玉米的相同代谢产物的相对含量如图 5-6 所示,在 non-GMO 玉米中,L-正缬氨酸、呋喃葡萄糖、棕榈酸、9,12-十八烷二烯酸(Z,Z)、9-十八碳烯酸、蔗糖的相对含量高于转 Bt 基因玉米,在转 Bt 基因玉米中乳酸、L-缬氨酸、磷酸、甘油、L-脯氨酸、苹果酸、3-氨基-2-哌啶酮、天门冬酰胺、顺式-4-氨基环己烷羧酸的相对含量明显高于 non-GMO 玉米,其他代谢产物的相对含量并没有太大变化。

在转 Bt 基因玉米中,因为要合成苏云金芽孢杆菌 *CrylAb* 蛋白,所以三羧酸循环加速,其氨基酸和中间产物较非转基因玉米的种类与含量多,其次三羧酸循环的加速带动了糖酵解途径和脂肪酸代谢,所以糖类和脂肪酸的种类与含量较 non-GMO 玉米少,转 Bt 基因玉米中三羧酸循环如图 5-7 所示,红色为该循环过程中较 non-GMO 玉米多代谢出的代谢产物。并且玉米颗粒由胚乳、胚、皮和尖端组成,其含量分别为 82%、12%、5% 和 1%,其中玉米的胚乳每 100 g 含有超过 4.6 g 脂肪,所以 non-GMO 玉米脂肪酸的种类与含量较转 Bt 基因玉米含量多。

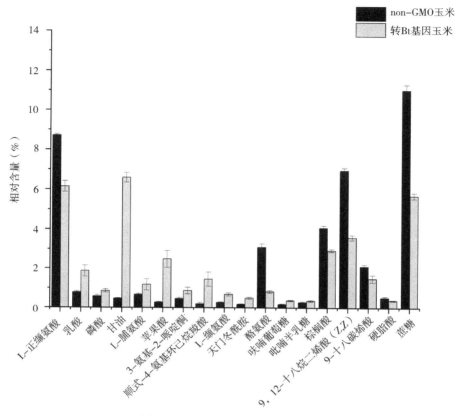

图 5－6　两种玉米相同代谢产物的相对含量

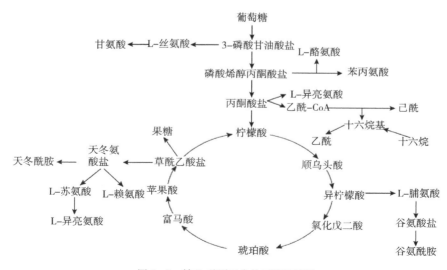

图 5－7　转 Bt 基因玉米的三羧酸循环

5.4　小结

通过运用 GC－MS 和代谢组学联合技术,对 non－GMO 玉米和转 Bt 基因玉米的代谢产物进行了分析,其中包括其代谢产物数量、代谢途径、代谢机制、差异代谢产物相对含量、相同代谢产物的相对含量五个方面的分析,在代谢途径和代谢机制中详细阐述了代谢过程中相关的酶和其直系同源基因,发现:

两种玉米中一共检测出 66 种代谢产物,其中转 Bt 基因玉米代谢产物的数量较 non－GMO 玉米的多,共有 61 种,而 non－GMO 玉米有 38 种;在两者相同的代谢产物中,non－GMO 玉米中相对含量最高的代谢产物为蔗糖、L－正缬氨酸,转 Bt 基因玉米中相对含量最高的代谢产物为 L－正缬氨酸、磷酸。

两者代谢产物对比发现 non－GMO 玉米的差异代谢产物有 5 种,主要参与的代谢途径是氨基酸代谢、三羧酸循环、糖代谢等途径;转 Bt 基因玉米的差异代谢产物有 28 种,主要参与的代谢途径是氨基酸代谢、糖代谢、三羧酸循环、植物甾醇代谢,并且通过 KEGG 数据库找出了菜油甾醇和谷甾醇代谢过程中的相关酶及其直系同源基因。

转 Bt 基因玉米中差异代谢产物参与的代谢途径较 non－GMO 玉米多,并且发现其三羧酸循环和能量代谢途径高于 non－GMO 玉米,代谢途径符合生物活性规律,而且在转 Bt 基因玉米中发现了菜油甾醇、谷甾醇等对人体有益的代谢产物,找出了代谢途径中相关的上游产物和下游产物、酶及其直系同源基因,为植物甾醇的研究提供了代谢中的基本信息和一定的参考价值。在转 Bt 基因玉米中发现的差异代谢产物均是代谢过程中的正常代谢产物,加入杀虫蛋白基因后代谢途径中没有发现异常代谢产物,而是通过该蛋白的表达加强了玉米的碳水化合物代谢和能量代谢途径。

参考文献

[1]MORRIS M L. Maize seed industries in developing countries[J]. Lynne Rienner Publishers & Cimmyt, 1998, 27(1):110－111.

[2]GUO X, FU H, FENG J. Direct conversion of untreated cane molasses into butyric acid by engineered Clostridium tyrobutyricum[J]. Bioresour Technol, 2020, 301: 122764.

[3] XIA Y G, WANG T L, YU S M. Structural characteristics and hepatoprotective potential of Aralia elata root bark polysaccharides and their effects on SCFAs produced by intestinal flora metabolism[J]. Carbohydrate Polymers, 2019, 207: 256 – 265.

[4] IRITI M, VITALINI S. Plant Metabolomics in the global scenario of food security: A systems – biology approach for sustainable crop production [J]. International Journal of Molecular Sciences, 2018, 19(7): 2094.

[5] RONA G B, ALMEIDA N P, SANTOS G C. H^1 NMR metabolomics reveals increased glutaminolysis upon overexpression of NSD3s or Pdp3 in Saccharomyces cerevisiae[J]. J. Cell. Biochemistry, 2019, 120(4): 5377 – 5385.

[6] ZHANG L Y, YU Y B, WANGC Y. Isolation and identification of metabolites in chinese northeast potato (Solanum tuberosum L.) tubers using gas chromatography – mass spectrometry[J]. Food Analytical. Methods, 2019, 12: 51 – 58.

[7] FENG Y C, FU T X, ZHANG L Y. Research on specific metabolites in distinction of rice (Oryza sativa L.) origin based on GC – MS[J]. Journal of Chemistry, 2019, 2019: 1 – 7.

[8] LAVERGNE F D, BROECKLING C. D, COCKRELL D. M. GC – MS metabolomics to evaluate the composition of plant cuticular waxes for four triticum aestivum cultivars [J]. International Journal of Molecular ences, 2018, 19 (2): 249.

[9] KANG Z Y, BABAR M A, KHAN N. Comparative metabolomic profiling in the roots and leaves in contrasting genotypes reveals complex mechanisms involved in pos t – anthesis drought tolerance in whea[J]. Plos One, 2019, 14(3): 1 – 25.

[10] PARK H Y, SHIN J H, BOO H O. Discrimination of platycodon grandiflorum and codonopsis lanceolata using gas chromatography massspectrometry based metabolomics approach[J]. Talanta, 2019, 192(15): 486 – 491.

[11] SCHRIMPE – RUTLEDGE A C, CODREANU S G, SHERROD S D. Untargeted metabolomics strategies – challenges and emerging directions[J]. Journal of the American Society for Mass Spectrometry, 2016, 27(12): 1897 – 1905.

[12] GODZIEN J, KALASKA B, ADAMSKA – PATRUNO E. Oxidized glycerophosphatidylcho – lines in diabetes through non – targeted metabolomics:

Their annotationand biological meaning[J]. Journal of Chromatography B, 2019, 1120:62 – 70.

[13] PAPADIMITROPOULOS M E P, VASILOPOULOU CG, MAGA – NTEVE C. Untargeted GC – MS Metabolomics[J]. Metabolic Profiling, 2018, 1738: 133 – 147.

[14] RUBERT J, RIGHETTI L, STRANSKA – ZACHARIASOVA M. Untargeted metabolomics based on ultra – high – performance liquid chromatography – high – resolution mass spectrometry merged with chemometrics: A new predictable tool for an early detection of mycotoxins[J]. Food Chemistry, 2017, 224: 423 – 431.

[15] LEVANDI T, LEON C, KALJURAND M. Capillary electrophoresis time – of – flight mass spectrometry for comparative metabolomics of transgenic versus conventional maize[J]. Analytical Chemistry, 2008, 80(16): 6329 – 6335.

[16] POULTON J E. Cyanogenesis in plants[J]. Plant Physiology, 1990, 94(2): 401 – 405.

[17] GUPTA N, BALOMAJUMDER C, AGARWAL V K. Enzymatic mechanism and biochemistry for cyanide degradation: a review [J]. Journal of Hazardous Materials, 2010, 176(1 – 3): 1 – 13.

[18] JOHNSON W V, ANDERSON P M. Bicarbonate is a recycling substrate for cyanase[J]. Journal of Biological Chemistry, 1987, 262(19): 9021 – 9025.

[19] YANG Q Y. Screening of Xylitol – Producing Strains and Optimization of Fermentation Conditions[D]. Qilu University of Technology, 2013: 1 – 83.

[20] CHEN X L. Systems metabolic engineering of Torulopsis glabrata for fumarate production[D]. Jiangnan University, 2015: 1 – 106.

[21] CHEN R, XU Y, WU P. Transplantation of fecal microbiota rich in short chain fatty acids and butyric acid treat cerebral ischemic stroke by regulating gut microbiota[J]. Pharmacol Res, 2019, 148(9778): 104403.

[22] LIU R M. Progress in microbial production of succinic acid[J]. Journal of Biological Engineering, 2013, 29(10): 1386 – 1397.

[23] GUO X, FU H, FENG J, et al. Direct conversion of untreated cane molasses into butyric acid by engineered Clostridium tyrobutyricum [J]. Bioresour Technol, 2020, 301: 122764.

[24] FANG Y K. Screening and indentifiication of a strain producing glyceric acid and studies on fermentation process[D]. Henan University, 2017: 1 – 67.

第6章　黑龙江省不同产地的大豆代谢产物与代谢机制分析

大豆[Glycine max (Linn.) Merr.]源自中国,种植历史已有5000多年,在中国全国各地均有种植,种植区主要分布在东北区、华北、陕西、四川及长江中下游地区以东北最著名且品质也最优。大豆在豆科植物中的营养元素最丰富,而且又易于消化吸收,其中蛋白质的含量为38%~42%,是人类摄取蛋白质最丰富、最廉价的来源。

大豆作为中国主要的油料作物、经济作物和工业原料,是油脂和蛋白质的重要来源,属于产业链长、辐射面广的农作物。作为世界大豆的发源地和原产国,中国曾经是世界大豆的种植大国,长期处于大豆净出口状态。随着经济的快速发展,对豆粕和豆油的需求大量增加,国内的大豆生产远远跟不上需求增长的脚步,大量从国外进口大豆成为必然的选择。近年来,大豆已经成为国内供需缺口最大的农产品,大豆的进口量在国内农产品进口中也排在第一位。

大豆还含有多种具有保健功效的成分,如异黄酮、低聚糖、皂苷、膳食纤维、磷脂、大豆油、核酸、18种氨基酸及多种维生素和矿物质。大量临床试验证明,大豆中的这些特殊成分可以增强机体免疫、防止血管硬化、促进骨骼发育,并具有延缓衰老、降血压、降血脂、抗癌等功效。大豆的适宜人群很广泛,一般人群均可食用,更是更年期妇女、糖尿病和心血管病患者的理想佳品。

近年来,随着大豆及大豆食品食用功能和保健功能的宣传普及,人们对大豆产品的了解越来越深入,大豆产业也随之发展起来。大豆产业作为引导民生的基础产业之一,已成为符合我国基本国情的重要产业。因此,为了适应现代人的生活需求,大力发展大豆精深加工表现出一种必然趋势。更何况我国庞大的人口基数以及人均消费量稳步提升引致的需求,为大豆精深加工业提供了稳定的市场增长空间,可知大豆精深加工产品的市场发展潜力巨大。

大豆中含有蛋白质、脂肪、膳食纤维、异黄酮等多种营养物质。大豆加工产业主要包括大豆油脂、大豆蛋白粉、浓缩蛋白、豆乳、豆腐、豆皮等产品,其副产物还可加工产生磷脂、膳食纤维粉、低聚糖和大豆皂苷等。根据大庆的资源情况、国内外市场消费情况以及国家、省、市的农产品加工发展战略,建议在今后的十年中重点发展大豆油脂、大豆蛋白粉、浓缩蛋白、磷脂、膳食纤维粉、低聚糖和大豆皂苷等产品。

黑龙江省素有"大豆之乡"的美誉,因种植面积最大、总产最多,曾在全国占有举足轻重的地位,也是我国非转基因大豆主产区,常年大豆种植面积占全国大豆种植面积的37% ~44%,总产量占全国的38% ~46%,曾是我国最重要的大豆商品基地。

大豆加工业重点围绕黑龙江省的东部、中北部的嫩江、北安市、讷河、五大连池等30个县和北安、九三等农垦下属的5个管理局构成的高产、油、蛋白的优质非转基因大豆产业带。依照重点发展方向调节整合现有企业,培育建设小包装精制油生产线、大豆制品以及精深加工项目。省内的大多加工企业,可以通过与国外加工链条相比较,进一步确定出省内大多加工产业链与国际先进加工水平的差距。

代谢组学是对小分子化合物(分子量1000Da以下),运用色谱、质谱、核磁共振、毛细管电泳等技术进行研究。代谢组学可以被应用在食品造假鉴定、食品安全风险监测、食品产地溯源、食品真实属性鉴别、发酵食品有毒代谢产物分析及植物源性食品等。林鸿就利用代谢组学分析并建立了植物分子特征数据库,杨冬爽则基于代谢组学研究野大豆(Glycine soja)的耐盐机理,张圳、冯家懿利用高效液相色谱法测定了体外大鼠肠道菌液中大豆苷及其代谢产物,张玉梅等进行了菜用大豆籽粒代谢产物的相关性分析。大豆的代谢产物也受不同因素影响,大豆品种遗传改良过程中可溶性糖的变化。非靶向代谢组学是在有限的相关研究和背景知识的基础上对整个代谢组进行系统全面的分析获取大量代谢产物的数据,并对其进行处理从而找出差异代谢产物的一种研究方法。

在这项工作中,使用气相色谱—质谱法(GC – MS)非靶向代谢谱技术分析了寒地3个不同产区同一品种的大豆代谢产物和代谢途径,分离和鉴定了差异代谢产物,并对其代谢机制进行了探索。这为寒地大豆品质分析提供理论基础,也为大豆进行分类加工或分产地提取功能性成分提供依据。

6.1 实验与方法

6.1.1 材料与试剂

研究的黑河43号品种大豆品种来自黑龙江省北安龙门(BALM – soy)、尾山

（WS - soy）和引龙河（YLH - soy）3 个产地。按照保护范围内具有代表性的抽样原则,采用棋盘抽样法随机抽取来自北安龙门、尾山和引龙河的黑河 43 号大豆品种。

甲醇、异丙醇和乙腈（色谱级）,美国 Fisher 技术公司;N,O - 双(三甲基硅基)三氟乙酰胺(BSTFA),甲氧胺盐酸盐和吡啶,美国 Sigma - Aldrich 公司;结构鉴定的标准物质,美国 Sigma - Aldrich 公司,北京国家药品和生物制品控制研究所;色谱级用水,用于制备所有的水溶液,美国米利波尔公司的 Milli - q 水净化系统;所有其他分析级试剂均来自北京化工厂。

6.1.2　仪器与设备

GC - MS - QP 2010 配备 EI 离子源,四极质量分析仪及 AOC - 20 i 自动采样器,日本岛津技术有限公司;HP - 5 ms 分离柱（30 m × 0.25 mm × 0.25 μm）,美国 Agilent 有限公司;KQ2200E 型超声波清洗机（40 kHz,100 W）,昆山超声仪器有限公司,昆山恒温均衡器,昆山恒温均衡器有限公司;MSC - 100 恒温均衡器,杭州澳盛仪器有限公司;Alpha1 - 2Ldplus 冷冻干燥机,德国 CHRIST 公司;TGL - 16B 高速离心机,安亭仪器有限公司。

6.1.3　实验方法

6.1.3.1　大豆代谢产物的提取与衍生化

大豆在液氮作用下粉碎,经 100 目筛网筛分,保存于 - 80℃ 冰箱中,将 100.0 mg 大豆样品,800 μL 80% 甲醇水溶液和 10 μL 内标（2 - 氯苯丙氨酸）置于 EP 管中。在均质化之前使用涡旋搅拌 30 s。从大豆样品中提取极性代谢产物组分。为提高提取效率,将含有该混合物的 EP 管在 35℃ 80 W 的功率下浸入超声波浴中 9.0 min,并在超声波处理期间用手强烈摇动 1 min 后,在 4℃ 条件下, 12000 r/min 离心 10.0 min。离心后,将 200 μL 上清液转移至 1.5 mL 自动样品瓶,然后将瓶子放入冷冻干燥器中干燥过夜。将干燥的残余物在 37℃ 下在 30 μL （20 mg/mL）甲氧基胺盐酸盐在吡啶中溶解 60 min,然后加入 30 μL BSTFA,在 70℃ 60 min 的衍生化处理后,在 24 h 内分析所得的分析溶液。

6.1.3.2　GC - MS 分析

用自动取样器注入 1 μL 样品溶液,色谱柱:Agilent J&W Scientific HP - 5ms （30 m × 0.25 mm × 0.25 μm）;升温程序:80℃,保持 2 min,10℃ / min 的速度升至 320℃,保持 6 min;80℃ 下进行温度平衡 6 min,然后再注入下一次样品。仪

器参数设定为:进样口温度 280℃,EI 离子源温度 230℃,四极杆温度 150℃,高纯氦气(纯度大于 99.999%)作为载气,进样量 1.0 μL,不分流进样。采用全扫描模式进行质谱检测,质谱检测范围:50 ~ 550 m/z。

6.1.3.3 代谢产物分析

将获得的大豆代谢产物数据与 NIST 14 数据库进行比较以获得结构信息。对获得的结构信息进行分类,研究不同产地大豆的差异代谢产物。

6.1.3.4 代谢机制分析

通过 KEGG 数据库比较代谢产物的代谢途径。利用 KEGG 代谢途径检索中的富集分析来分析不同品种大豆的代谢机制。在 KEGG 筛选的差异代谢产物中发现了相关的代谢途径,查阅资料推断不同产地的大豆样品代谢过程的变化。

6.2 结果分析与讨论

6.2.1 GC – MS 结果分析

3 个产地大豆的 GC – MS 总离子流图如图 6 – 1 ~ 图 6 – 3 所示。从 3 个总离子流图可以看出产地不同,品种相同的大豆样品的代谢产物明显存在不同。3 个产地的大豆样品中共检测到 68 种代谢产物(表 6 – 1)。其中 62 种化合物经 NIST 数据库精确表征,确定了结构,6 种化合物推断出可能结构。如表 6 – 1 所示,北安龙门大豆(BALM – soy)样品中检测到 34 种代谢产物,尾山大豆(WS – soy)样品中检测到 20 种代谢产物和 4 种未知化合物,引龙河产地大豆(YLH – soy)样品中检测到 23 种代谢产物和 2 种未知化合物。

表 6 – 1 三个产地大豆样品中的代谢产物

序号	保留时间(min)	化合物名称	化合物种类	BALM	WS	YLH
1	5.06	硼,三羟基吡啶	中间体	—	—	+
2	5.068	1 – 丁基溴化吡啶	中间体	—	+	—
3	5.338	正戊醇	醇类	—	+	—
4	5.482	甲酰胺	中间体	—	+	—
5	5.755	反 – 4,5 – 氧化环辛烯	未知物	—	+	—
6	6.849	环庚醇	醇类	—	+	—

续表

序号	保留时间（min）	化合物名称	化合物种类	BALM	WS	YLH
7	7.091	1,8 - 纯(4 - 硝基苯甲基)	未知物	—	+	—
8	7.336	丁三醇	醇类	+	—	+
9	8.551	N,N - 二甲基 - 辛胺	中间体	—	+	—
10	8.74	戊地胺	中间体	—	+	—
11	8.811	甘油	脂肪酸	+	—	—
12	9.281	2 - 甲基 - 4H,6H - 噻吩	未知物	—	+	—
13	10.096	茴香脑	中间体	—	+	+
14	10.605	己炔	中间体	—	+	—
15	10.676	脯氨酸	氨基酸	—	+	—
16	11.201	半胱氨酸	氨基酸	+	—	—
17	11.917	苯甲酸	脂肪酸	—	+	—
18	13.354	十六烯酸	脂肪酸	—	+	—
19	14.23	呋喃葡萄苷	糖类	—	—	+
20	14.395	呋喃核糖	糖类	—	—	+
21	14.512	塔格呋喃糖	糖类	+	—	+
22	14.79	辛酸	脂肪酸	—	+	—
23	14.794	尿苷	中间体	—	—	—
24	14.928	赤鲜糖	糖类	—	—	+
25	15.854	1H - 2 - 苯并吡喃 - 3 - 羧酸	未知物	—	+	—
26	16.008	邻苯二甲酸	脂肪酸	—	+	—
27	16.454	丁基磷酸	脂肪酸	+	—	+
28	16.928	苏阿糖	糖类	—	—	+
29	17.562	塔格糖	糖类	—	—	+
30	17.604	肌醇	中间体	+	—	+
31	17.702	阿洛酮糖	糖类	+	—	—
32	17.728	核糖	糖类	—	—	+
33	17.877	阿拉伯呱喃糖	糖类	—	—	+
34	17.994	3,6,10,13 - Tetraoxa - 2,14 - disilapentadecane	未知物	—	—	+
35	18.038	3,7,11,15,18 - Pentaoxa - 2,19 - disilaeicosane	未知物	—	—	+
36	18.29	果糖	糖类	+	—	+
37	18.33	木糖	糖类	+	—	+
38	18.495	塔罗糖	糖类	+	—	—

序号	保留时间 （min）	化合物名称	化合物种类	BALM	WS	YLH
39	18.75	阿洛糖	糖类	+	—	+
40	18.945	十四酸乙酯	酯类	—	+	—
41	18.974	赤藓糖醇	醇类	+	—	—
42	19.017	山梨醇	醇类	+	—	—
43	19.061	核糖醇	醇类	+	—	—
44	19.362	花生酸	脂肪酸	—	+	+
45	19.384	阿糖醇	醇类	+	—	—
46	20.761	十五碳酸	脂肪酸	+	—	—
47	21.147	8,11-十八碳二烯酸	脂肪酸	+	—	—
48	21.459	6-十八碳烯酸	脂肪酸	+	+	—
49	21.577	硬脂酸甲酯	酯类	—	+	—
50	21.606	13-Teradecenal	中间体	+	—	—
51	22.383	硬脂酸	脂肪酸	+	+	—
52	22.424	9,12-十八碳二烯酸	脂肪酸	+	—	—
53	22.493	9-十八碳二烯酸	脂肪酸	+	—	—
54	25.292	蔗糖	糖类	+	—	—
55	25.632	1,3-二棕榈酰基甘油	酯类	+	—	—
56	25.694	海藻糖	糖类	+	—	+
57	26.127	十六烷酸	脂肪酸	—	+	—
58	26.878	1,2-O-亚异丙基-D-呋喃葡萄糖	糖类	+	—	—
59	27.446	松二糖	糖类	+	—	—
60	27.582	半乳糖苷	糖类	+	—	—
61	27.922	单硬脂酸甘油酯	酯类	+	—	+
62	28.017	鲨烯	中间体	+	—	—
63	28.066	乳糖	糖类	+	—	—
64	28.261	半乳糖苷	糖类	+	—	—
65	29.657	谷甾醇	中间体	+	—	—
66	28.673	十八碳烯酰胺	中间体	—	+	—
67	30.689	β-阿拉伯呱喃糖	糖类	—	—	+
68	34.987	甘露二糖	糖类	+	—	+

"+"代表检测到代谢产物，"—"表示未检测到代谢产物。

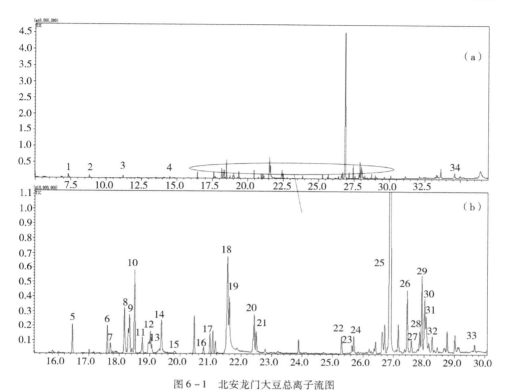

图 6 - 1　北安龙门大豆总离子流图

（a）BALM - soy 样品的完整谱图范围，0.0 ~ 35.0 min　（b）BALM - soy 样品的部分谱图范围，16.0 ~ 30.0 min

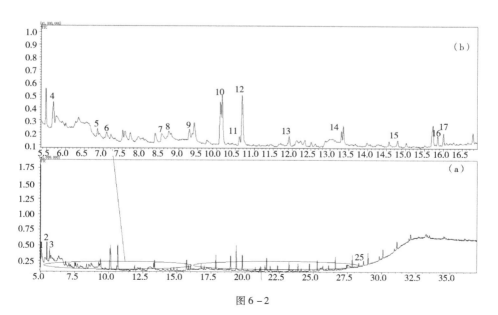

图 6 - 2

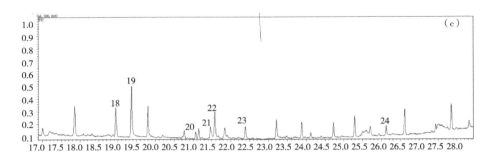

图 6 - 2　尾山大豆总离子流图

（a）WS - soy 样品的完整谱图范围,5.0 ~ 35.0 min　（b）WS - soy 样品的部分谱图范围, 5.5 ~ 16.5 min　（c）WS - soy 样品的部分谱图范围 17.0 ~ 28.0 min。

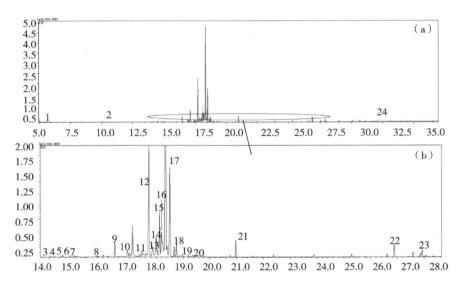

图 6 - 3　引龙河大豆总离子流图

（a）YLH - soy 样品的完整谱图范围,5.0 ~ 35.0 min　（b）YLH - soy 样品的部分谱图范围,14.0 ~ 28.0 min

6.2.2　北安龙门大豆样品的差异代谢分析

6.2.2.1　BLAM - soy 样品差异代谢产物分析

相比较其他两个产区大豆样品,北安龙门大豆(BALM - soy)样品的差异代谢产物是糖类,脂肪酸,醇类,酯类,氨基酸和中间体(表 6 - 2),糖酵解,脂肪酸的氧化合成和 TCA 循环之间存在一定的关系,而碳水化合物代谢,脂代谢会产生一些代谢产物参与上述过程,此地大豆样品产生的差异代谢产物如 D - 阿洛酮糖,蔗糖,甘油与其有关,北安龙门产区属中温带大陆性季风气候,降水较多且集中在夏季,适宜大豆的生长,夏季光照时间长,有利于进行光合作用,积累蔗糖,半乳糖等糖类,并通过半乳糖代谢途径等过程进行转化。北安龙门产地土壤为黑土,土壤中含有腐殖质层,肥力水平高,为作物提供养分,雨水与土体内盐基相遇,碳酸盐移出土体,土壤呈中性至微酸性,pH 在 6.0~8.5 之间,有利于 D - 阿洛酮糖和 D - 塔罗糖的产生。饱和脂肪酸的碳链延长在线粒体进行,不饱和脂肪酸在微粒体中进行去饱和作用,充足的日照有利于植物进行氧化代谢,生成饱和脂肪酸包括甘油,9 - 硬脂酸,十五烷酸,以及不饱和脂肪酸包括 8,11 - 十八碳二烯酸,9,12 - 十八碳二烯酸。

表 6 - 2　BALM - soy 样品的差异代谢产物

序号	保留时间(min)	化合物名称	化合物分类
1	8.811	甘油	脂肪酸
2	11.201	半胱氨酸	氨基酸
3	17.702	D - 阿洛酮糖	糖类
4	18.495	D - 塔罗糖	糖类
5	18.974	赤藓糖醇	醇类
6	19.017	D - 山梨糖醇	醇类
7	19.061	核糖醇	醇类
8	19.384	L - 阿拉伯醇	醇类
9	20.761	十五酸	脂肪酸
10	21.147	8,11 - 十八碳二烯酸	脂肪酸
11	21.606	13 - Teradecenal	中间体
12	22.424	9,12 - 十八碳二烯酸	脂肪酸
13	22.493	9 - 十八碳二烯酸	脂肪酸
14	25.292	蔗糖	糖类
15	25.632	1,3 - 二棕榈酰基甘油	酯类
16	27.582	半乳糖苷	糖类
17	27.922	单硬脂酸甘油酯	酯类
18	28.017	鲨烯	中间体
19	28.066	乳糖	糖类
20	28.261	半乳糖苷	糖类
21	29.657	谷甾醇	中间体

6.2.2.2　BALM-soy 样品差异代谢产物代谢机制分析

BALM-soy 样品差异代谢产物主要涉及氨基酸代谢(半胱氨酸和蛋氨酸代谢途径)、糖类代谢(半乳糖代谢途径、蔗糖和淀粉代谢、甲基半乳糖苷转运系统、赤藓糖醇转运系统、果糖和甘露糖代谢)、脂质代谢(甘油脂质代谢、亚油酸代谢、脂肪酸生物合成和不饱和脂肪酸生物合成)及其他代谢途径(甾体生物合成)。

6.2.3　尾山产地的大豆样品的差异代谢分析

6.2.3.1　WS-soy 样品差异代谢产物分析

从表 6-3 中可以看出,WS-soy 样品差异代谢产物包括氨基酸、脂肪酸、醇类、酯类和中间体。尾山产地属寒温带大陆季风气候,夏季短促,气温较温带季风气候低,使其脂肪酸类产物不同,碳水化合物较少。其大豆样品的差异代谢产物主要是一些酸类、酯类,可能是该大豆在脂肪酸生物合成、脂肪酸降解、花生四烯酸代谢过程中产生了 6-十六碳烯酸、辛酸、花生酸和邻苯二甲酸。该产地土壤为黑钙土,其肥力不及黑土,但也有腐殖质层,含有丰富的氮素以及磷和钾。降水也比北安龙门少,有利于脯氨酸的积累,此外,渗入土体的重力水流只能对钾、钠等一价盐离子进行充分淋溶,而钙、镁等二价盐离子只能部分淋溶,产生了不同的差异代谢产物。

表 6-3　WS-soy 样品的差异代谢产物

序号	保留时间(min)	化合物名称	化合物分类
1	5.068	1-丁基溴化吡啶	中间体
2	5.338	正戊醇	醇类
3	5.482	甲酰胺	中间体
4	6.849	环庚醇	醇类
5	8.551	N,N-二甲基-辛胺	中间体
6	8.74	戊地胺	中间体
7	10.605	己炔	中间体
8	10.676	脯氨酸	氨基酸
9	11.917	苯甲酸	脂肪酸
10	13.354	十六碳烯酸	脂肪酸
11	14.79	辛酸	脂肪酸
12	16.008	邻苯二甲酸	脂肪酸
13	18.945	十四酸	酯类
14	19.362	花生酸	脂肪酸

续表

序号	保留时间(min)	化合物名称	化合物分类
15	21.577	硬脂酸甲酯	酯类
16	28.673	十八碳烯酰胺	中间体

6.2.3.2　WS – soy 样品差异代谢产物代谢机制分析

WS – soy 样品差异代谢产物主要涉及氨基酸代谢(精氨酸和脯氨酸代谢途径)、脂质代谢(苯丙氨酸代谢、脂肪酸生物合成、不饱和脂肪酸生物合成)及其他代谢途径(氮代谢途径和氰基氨基酸代谢途径)。

6.2.4　引龙河产地大豆样品的差异代谢分析

6.2.4.1　YLH – soy 样品差异代谢产物分析

从表 6 – 4 中可以看出,YLH – soy 样品的差异代谢产物包括糖类和中间体。该样品产地与北安龙品产地同属中温带大陆季风气候,其大豆样品的差异代谢产物主要是糖类,而且与北安龙门大豆样品代谢产物中一些糖类不同,可能是因为碳水化合物代谢过程中如半乳糖代谢途径产生塔格糖,戊糖磷酸途径产生核糖,以及嘧啶代谢途径产生尿苷等,也可能由于播种时期不同,气温的影响导致光合作用程度不同,产生了这些糖类。

表 6 – 4　YLH – soy 样品的差异代谢产物

序号	保留时间(min)	化合物名称	化合物分类
1	5.06	硼,三羟基吡啶	中间体
2	14.23	呋喃葡糖苷	糖类
3	14.395	呋喃核糖	糖类
4	14.794	尿苷	中间体
5	14.928	赤藓醇	糖类
6	16.928	苏阿糖	糖类
7	17.562	塔格糖	糖类
8	17.728	核糖	糖类
9	17.877	D – 阿拉伯呱喃糖	糖类
10	30.689	β – 阿拉伯呱喃糖	糖类

6.2.4.2　YLH – soy 样品差异代谢产物代谢机制分析

YLH – soy 样品差异代谢产物主要涉及糖类代谢(半乳糖代谢途径、戊糖磷酸代谢途径)及其他代谢途径(嘧啶代谢途径)。

6.2.5 未知化合物结构分析

根据质谱图中碎片离子峰的质荷比,推测 6 种未知结构代谢产物如表 6 – 5 所示,其中 $C_9H_{18}O$ 为(2S,3S) – 2 – 丁基 – 3 – 丙基环氧乙烷,$C_{23}H_{24}N_4$ 为 1,8 – 二(4 – 硝基苯甲基) – 3,6 – 二氮杂胺 – 9 – 酮,推测 $C_6H_9N_3S$ 为 2 – 甲基 – 2, 6 – 二氢 – 4H – 噻吩并[3,4 – c]吡唑 – 3 – 胺,推测 $C_{27}H_{20}O_{12}$ 为 α – 玉红霉素,推测为 $C_{13}H_{32}O_4Si_2$ 为 3,6,10,13 – 四氧合 – 2,14 – 二硅戊烷,2,2,14,14 – 四甲基硅烷;推测 $C_{17}H_{40}O_5Si_2$ 为 3,7,11,15,18 – 五氧杂 – 2,19 – 二硅二十烷,2,2,19, 19 – 四甲基硅烷。

表 6 – 5   未知化合物结构列表

序号	保留时间(min)	分子式	推测化合物名称
1	5.755	$C_9H_{18}O$	(2S,3S) – 2 – 丁基 – 3 – 丙基环氧乙烷
2	7.091	$C_{23}H_{24}N_4$	1,8 – 二(4 – 硝基苯甲基) – 3,6 – 二氮杂胺 – 9 – 酮
3	9.281	$C_6H_9N_3S$	2 – 甲基 – 2,6 – 二氢 – 4H – 噻吩并[3,4 – c]吡唑 – 3 – 胺
4	15.854	$C_{27}H_{20}O_{12}$	α – 玉红霉素
5	17.994	$C_{13}H_{32}O_4Si_2$	3,6,10,13 – 四氧合 – 2,14 – 二硅戊烷,2,2,14,14 – 四甲基硅烷
6	18.038	$C_{17}H_{40}O_5Si_2$	3,7,11,15,18 – 五氧杂 – 2,19 – 二硅二十烷,2,2,19,19 – 四甲基硅烷

6.3   小结

在这项工作中,使用气相色谱—质谱法(GC – MS)非靶向代谢谱技术完成了 3 个不同产地同一品种大豆样品的代谢产物和代谢机制差异分析。对大豆中的代谢产物进行分离和鉴定,共检测到 68 种代谢产物,其中 62 种精确鉴定,包括糖类及其衍生物,脂肪酸及其衍生物,醇类,酯类,氨基酸和中间体,推断出 6 种未知代谢产物结构。通过对 3 种不同产地大豆样品的比较,发现北安龙门大豆样品存在 21 种差异代谢产物,尾山大豆样品有 16 种差异代谢产物,引龙河大豆样品有 10 种差异代谢产物。通过 KEGG 数据库确定代谢产物的代谢途径,包括氨基酸代谢、碳水化合物代谢、脂质代谢等代谢途径,北安龙门大豆样品不同代谢途径包括半胱氨酸和蛋氨酸代谢途径、蔗糖和淀粉代谢途径、甲基半乳糖苷转运系统、果糖和甘露糖代谢途径、赤藓糖醇运输系统、甘油代谢、亚油酸代谢和甾体生物合成。尾山大豆样品的不同代谢途径为精氨酸和脯氨酸代谢途径、苯丙氨酸代谢途径、氰基氨基酸代谢途径和氮代谢途径。引龙河大豆样品的不同代谢途径是戊糖磷酸代谢途径和嘧啶代谢途径。北安龙门和引龙河两产地属中温带大陆性季风气候，有利于糖的积累，尾山产地属寒温带大陆性季风气候，有利于脂肪酸的积累。大豆样品产地的温度、降水、土壤等会导致代谢途径和代谢机制的差异，这项研究为进一步分析研究大豆品质提供理论基础，也有利于大豆进行分类加工或提取功能性成分，为充分发挥大豆的经济价值提供潜力。

参考文献

[1]郭天宝. 中国大豆生产困境与出路研究[D].长春：吉林农业大学，2017.

[2]HUANG G , CAI W X, XU B J. Improvement in beta – carotene, vitamin B2, GABA, free amino acids and isoflavones in yellow and black soybeans upon germination [J]. 2017, 75:488 – 496.

[3] MARCO A. Lazo – Vélez, Daniela Guardado – Félix, Jonnatan Avilés – González, et al. Effect of germination with sodium selenite on the isoflavones and cellular antioxidant activity of soybean (Glycine max) [J]. 2018, 93:64 – 70.

[4] IAN C. MUNRO PHD, MELODY HARWOOD BSC, JASON J. et al. Soy Isoflavones：A Safety Review [J]. Nutrition Reviews,2003, 61(1): 1 – 33.

[5]郁晓敏，金杭霞，袁凤杰. 浙江省大豆种质资源的收集与评价[J]. 浙江农业科学, 2020, 61(1):26 – 28.

[6]时玉强，何东平，鲁绪强，等. 不同储存期大豆提取的大豆分离蛋白对千页豆腐的影响[J]. 中国油脂, 2019,44(8):31 – 34.

[7]郝怡宁，初晨露，陈尚兵，等. 大豆水溶性蛋白提取工艺优化[J]. 中国油脂, 2019, 44(5):79 – 81.

[8] PAVEL PROCHÁZKA, PŘEMYSL ŠTRANC, KATEŘINA PAZDERŮ, JAROSLAV ŠTRANC, JAN VOSTŘ el. Effects of biologically active substances used in soybean seed treatment on oil, protein and fibre content of harvested seeds[J]. Plant, Soil and Environment,2017, 64: 564 – 568.

[9] FENG Z, DING C Q, LI W H, et al. Applications of metabolomics in the research of soybean plant under abiotic stress [J]. 2020, 310.

[10] WANG X X, GUO R, LI M X, et al. Metabolomics reveals the drought – tolerance mechanism in wild soybean (Glycine soja) [J]. 2019, 41(9): 1 – 11.

[11] HONG E Y, LEE S Y, JEONG J Y, et al. Modern analytical methods for the detection of food fraud and adulteration by food category [J]. 2017, 97(12): 3877 – 3896.

[12] 郝杰, 姜洁, 毛婷, 孙晓冬. 代谢组学技术在食品安全风险监测中的研究进展 [J]. 食品安全质量检测学报, 2017, 8(7): 2587 – 2595.

[13] 陈羽红, 张东杰, 张桂芳, 等. 代谢组学技术在食品产地溯源中的研究进展 [J]. 粮食与饲料工业, 2016, (7): 16 – 19 + 28.

[14] 俞邱豪, 张九凯, 叶兴乾, 等. 基于代谢组学的食品真实属性鉴别研究进展 [J]. 色谱, 2016, 34(7): 657 – 664.

[15] 缪璐欢, 杜静芳, 白凤翎, 等. 代谢组学在发酵食品有毒代谢产物分析中的研究进展[J]. 食品工业科技, 2016, 37(5): 388 – 393.

[16] OMS – OLIU G, ODRIOZOLA – SERRANO I, MARTÍN – BELLOSO, O. Metabolomics for assessing safety and quality of plant – derived food[J]. Food Research International, 2013, 54(1): 1172 – 1183.

[17] 林泓. 29 个大豆品种代谢组学分析及植物分子特征数据库的建立[D]. 上海: 上海师范大学, 2013: 1 – 90.

[18] 杨冬爽. 基于代谢组学的野大豆(Glycine soja)耐盐机理研究[D]. 长春: 东北师范大学, 2017: 1 – 61.

[19] 张圳, 冯家懿, 果卉, 等. 高效液相色谱法测定体外大鼠肠道菌液中大豆苷及其代谢产物[J]. 药学实践杂志, 2018, 36(4): 347 – 350.

[20] 张玉梅, 胡润芳, 陈宇华, 等. 菜用大豆籽粒代谢产物的相关性分析[J]. 大豆科学, 2018, 37(2): 231 – 238.

[21] CHRISTIAN J, SANDRINE R, SANDRA F, et al. Adaptation of Medicago truncatula to nitrogen limitation is modulated via local and systemic nodule developmental responses[J]. New Phytologist, 2010, 185(3): 817 – 828.

[22] 沈雪峰, 李召虎, 段留生, 等. 硅对大豆碳代谢及产量形成的影响[J]. 大豆科学, 2013, 32(2): 193 – 196.

[23] 赵静, 刘嘉儿, 严小龙, 等. 磷有效性对大豆碳代谢的生理调控及基因型差异[J]. 华南农业大学学报, 2010, 31(3): 1 – 4.

[24] 王晓慧,徐克章,李大勇,等. 大豆品种遗传改良过程中叶片可溶性糖含量和比叶重的变化[J]. 大豆科学,2007,(6):879 - 884.

[25] 时羽杰,李兴龙,唐媛,等. 基于 GC - MS 分析两地白色藜麦种子的代谢差异[J/OL]. 浙江农业学报,2019,06(7):1 - 9.

[26] 杨莉军,徐新,张社兵. 三磷酸腺苷结合盒转运蛋白 A1 的研究进展[J]. 广东医学,2011,32(2):253 - 255.

[27] 熊杰. 己烯醛的制备、分离及应用研究[D]. 无锡:江南大学,2013.

[28] 尹明华,邓红根,蒋妍,等. 黄独微型块茎低温离体保存的 GC/MS 代谢组学分析[J]. 植物研究,2018,38(2):238 - 246.

[29] 张芳,于晓,马云,等. 土壤因子影响忍冬植株生长与金银花质量的研究进展[J]. 时珍国医国药,2018,29(7):1717 - 1719.

[30] 陈丽娟. 大豆产量、质量的影响因素和种植技术[J]. 现代畜牧科技,2017(4):63 - 63.

第7章　不同品种绿豆中代谢产物的分离鉴定及代谢机制分析

绿豆在我国已有两千多年的栽培史,绿豆种子中贮存蛋白质以球蛋白为最多,约占蛋白质总量的63%,其次是清蛋白,约占26%,谷蛋白约占10%,醇溶谷蛋白所占的比例最小,只有微量水平,一般不超过1%。消化生理实验证明,许多低肽不仅能提供人体生长、发育所需营养物质与能量,还具有防治疾病、调节人体生理机能。绿豆仁粗蛋白质含量较高,达19.78%,蛋白质的氨基酸组成中,谷氨酸、天冬氨酸、精氨酸含量较高,分别为3.56%、1.87%、1.12%。绿豆皮的膳食纤维含量较高,总膳食纤维65.85%,其中不可溶性膳食纤维61.76%,可溶性膳食纤维3.75%。绿豆中主要为淀粉,与谷物淀粉不同的是绿豆富含直链淀粉,且含量高,居豆类食物的首位。绿豆淀粉在65～90℃时表现出较高的膨胀性及显著的热糊黏度稳定性。绿豆淀粉中含有相当数量的低聚糖,这些低聚糖因人体胃肠道没有相应的水解酶系统而很难被消化吸收,所以绿豆提供的能量值比其他谷物低,对肥胖者和糖尿病患者有辅助治疗的作用。而且低聚糖是人体肠道内有益菌——双歧杆菌的增殖因子,经常食用绿豆可改善肠道菌群,减少有害物质吸收,预防某些癌症。绿豆的药理作用为降血脂、降胆固醇、抗过敏(可辅助治疗荨麻疹等过敏反应)、抗菌(绿豆对葡萄球菌有抑制作用)、抗肿瘤、增强食欲(绿豆中所含蛋白质、磷脂均有兴奋神经,增进食欲的功能)、保肝护肾(绿豆含丰富胰蛋白酶抑制剂,可以保护肝脏,减少蛋白分解,减少氮质血症,因而保护肾脏)。但绿豆又性寒凉,素体阳虚、脾胃虚寒、泄泻者慎食。绿豆有解毒作用,如果服用的药物中含有有机磷、钙、钾等成分,绿豆会与这些成分结合成沉淀物,从而分解药效,影响治疗。绿豆属于凉性药食,绿豆之寒性容易致虚火旺盛而出现口角糜烂、牙龈肿痛等。为了更好地了解绿豆带给人们的潜在价值,本实验利用气相色谱—质谱联用技术分离鉴定不同品种的绿豆中的代谢产物及代谢途径。

代谢是生命活动中所有(生物)化学变化的总称。代谢活动是生命活动的本质特征和物质基础。代谢组是生物体内源性代谢产物质的动态整体。代谢组学是关于生物体内源性代谢产物质的整体及其变化规律的科学。代谢组学是以物理学基本原理为基础的分析化学、以数学计算与建模为基础的化学计量学和以生物化学为基础的生命科学等学科交叉的学科,是研究相对分子质量小于 1000 的所有内源性代谢产物,从而揭示生命个体代谢活动本质的科学,指的是通过分析生物的体液、组织中的内源性代谢产物谱图的变化来研究整体的生物学状况和基因功能调节的一种新技术。这一概念来源于 Devaux 等人在 1971 年提出的代谢轮廓分析。到了 20 世纪 90 年代末,随着基因组学的发展,Oliver 在 1997 年提出代谢组学(Metabolomics)的概念后,很多植物学家随之开展了相关的研究;随后在 1998 年由 Tweeddale 等在研究大肠杆菌的代谢时提出,其简略定义为"代谢产物整体"(total metabolite pool),他们还指出,代谢产物组成分析能够提供有关细胞代谢和调控的重要信息。除此之外,Jeremy Nicholson 教授的实验室、Oliver Fiehn 实验室,以及 Jan van der Greef 实验室在代谢组学的发展上做出了巨大的贡献。

代谢产物整体水平的检测分析:必须依赖分析化学中的各种谱学技术,包括磁共振波谱、质谱、色谱、红外和拉曼光谱、紫外—可见光谱等及其偶合联仪方法获取代谢组数据;利用分析化学中的化学计量学或化学信息学的研究方法将这些(海量)数据进行统计和归类分析,从而提取代谢特征或代谢时空的整体变化轨迹。因此,分析化学在代谢组学研究中具有基础性的重要作用。代谢组学研究常常需要采用多变量统计分析方法。另外,通过代谢组变化获取的"生物标志物簇"也只是代谢组学研究的一个初级阶段性目标,而建立代谢特征或代谢时空变化规律与生物体特性变化之间的有机联系,才是代谢组学研究的根本目标。

7.1　材料与方法

7.1.1　材料与试剂

大明绿豆(DM)、九鲤湖绿豆(JLH)。

2 – 氯 – L – 苯丙氨酸(MACKLIN);N,O – 双(三甲基硅基)三氟乙酰胺(BSTFA)(MACKLIN);色谱级吡啶(≥99.9%, Aladdin);色谱级甲醇(美国 Fisher)。

7.1.2　仪器与设备

三重四极杆型 GC－MS－TQ8040(配备的 EI 离子源)，日本岛津技术有限公司;自动进样器为 AOC－5000，CR3i multifunction 型离心机，赛默飞世尔科技公司;DGG－9140A 型电热恒温鼓风干燥箱，上海森信实验仪器有限公司;DRP－9082 型电热恒温培养箱，上海森信实验仪器有限公司;氮吹浓缩装置 MTN－2800D，天津奥特塞恩斯仪器有限公司;1000 μL、200 μL 移液枪，赛默飞世尔科技公司。

7.1.3　实验过程

7.1.3.1　样本预处理

(1)分别取适量样品放入研磨机进行研磨并过 100 目筛处理。

(2)按四分法进一步取样后分别称取 50 mg 粉末于 2 mL 的 EP 管中，加入 800 μL 甲醇和 10 uL 内标(2－氯苯丙氨酸)，快速混匀 1 min。

(3)随后置于 4℃ 离心机中，12000 r/min 离心 15 min，吸取 200 μL 上清液，转入进样小瓶中氮气吹干。

所有实验做 3 个平行样。

7.1.3.2　衍生化处理

取 30 μL 甲氧铵盐酸吡啶溶液加入氮气吹干以至浓缩后的样品中，快速混匀完全溶解，置于 37℃ 恒温箱 90 min，取出后加入 30 μL 的三氟乙酰胺(BSTFA) 70℃ 烘箱 1 h。

7.1.3.3　色谱条件

色谱柱为 Rxi－5Sil MS(30 m × 0.25 mm × 0.25 μm);升温程序:80℃ 保持 2 min;以 10℃/min 升到 320℃，保持 6 min，运行时长 32 min;GC 参数为柱温 80℃，进样口温度 240℃，进样模式为分流，流量控制模式为恒定线速度，载气为氦气，柱流量为 1.20 mL/min，线速度为 40.4 cm/sec，分流比:15∶1。

7.1.3.4　质谱条件

离子源温度 230℃，接口温度 300℃，溶剂切割时间 2 min，采集模式 Q3 Scan，质量扫描范围 45 ～ 550 m/z。

7.1.4　数据分析与绘图

得到的数据与美国国家标准与技术研究所(NIST)标准谱库进行对比分

析,得到的代谢产物信息在京都市基因与基因组百科全书(KEGG 数据库)中进行搜索,文中运用 Excel 表格绘制成三线表,运用 Origin 绘图工具绘制结果图。

7.2　结果与分析

7.2.1　GC – MS 的代谢产物的分离与鉴定

两种不同品种的绿豆的 GC – MS 总离子流图如图 7 – 1 和图 7 – 2 所示,通过图谱可以看出,样品中各组分分离良好,基线稳定。两个不同品种绿豆的总离子流图较为相似,但也略有不同。

数据经过 NIST 标准谱库进行对比分析,从而确定了代谢产物的结构,分离检测了样品共有 67 种代谢产物,其中 DM 代谢产物有 40 种,JLH 代谢产物有 50 种,其中包括有机酸、脂肪酸、糖及其衍生物、氨基酸和中间产物,如表 7 – 1 所示。有机酸主要有丁酸、乳酸、2 – 丁烯二酸、苹果酸、酒石酸、磷酸、柠檬酸、奎宁酸;

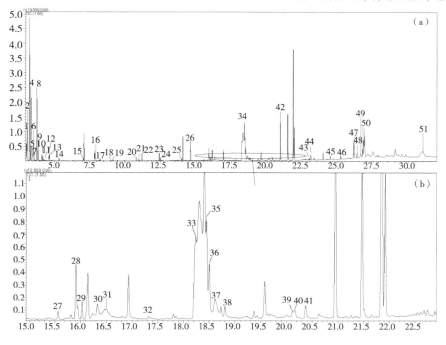

图 7 – 1　大明绿豆的总离子流图

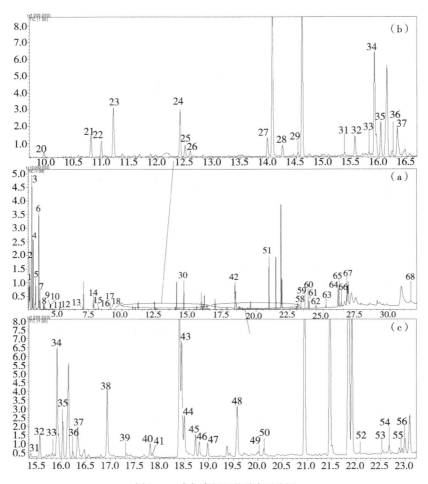

图7-2 九鲤湖绿豆的总离子流图

脂肪酸中含有棕榈酸、亚油酸、亚麻酸、硬脂酸、13-二十碳烯酸、花生酸等;检测到的糖及其衍生物包括D-呋喃果糖、塔罗糖、D-松醇、葡萄糖、β-D-呋喃半乳糖、D-半乳糖、D-甘露糖、蔗糖、β-乳糖、乳糖、2-α-甘露二糖、麦芽糖;氨基酸有L-正缬氨酸、L-缬氨酸、L-脯氨酸、丝氨酸、L-苏氨酸、苯丙氨酸、天冬酰胺、L-谷氨酸、L-苯丙氨酸;醇类包括乙二醇、丙二醇、甘油;糖醇有山梨醇;植物甾醇有菜油甾醇、豆甾醇、β-谷甾醇;中间产物包括氨基甲酸、2-哌啶酸、3-氨基-2-哌啶酮、4-叔丁基-2,6-二甲氧基苯酚、呋喃半乳糖醛酸、月桂酰胺、5-甲基尿苷、肌醇、亚油醇乙醇胺、单硬脂酸甘油酯、甜菜苷、D-生育酚、棕榈酰、2-亚麻酰基-rac-甘油;检测到有机合成化合物萘普生。在DM中氨基酸的总相对含量占 10.05%，醇类的总相对含量占 1.62%，有机酸的总相对含量占 4.97%，糖类的总相对含量占 8.98%，脂肪酸的总相对含量占 8.99%，植物甾醇的总相对含量占 2.24%，中间产物的总相对含量占 15.97%；在 JLH 中氨基酸的总相对含量占 19.06%，醇类的总相对含量占 2.3%，糖醇的总相对含量占 0.05%，有机酸的总相对含量占 9.84%，糖类的总相对含量占 10.66%，脂肪酸的总相对含量占 4.96%，植物甾醇的总相对含量占 3.13%，中间产物的总相对含量占 9%。根据两种绿豆各个代谢产物种类相对含量的对比发现，DM 只有中间产物的相对含量占比高于 JLH，其余种类相对含量的占比均低于 JLH，JLH 绿豆更适合产生有益代谢产物。

表 7 - 1　两样品中代谢产物列表

序号	保留时间（min）	名称	DM		JLH	
			相对含量	种类	相对含量	种类
1	3.053	乙酰酸	#		#	—
2	3.112	N - 甲基丙酰胺	#		#	
3	3.260	乙胺	#		#	
4	3.358	L - 正缬氨酸	7.17	氨基酸	7.46	氨基酸
5	3.498	丁酸	1.27	有机酸	—	
6	3.543	丁胺	#		#	
7	3.627	乙二醇	0.05	醇	—	
8	3.784	双羟乙基砜	#		#	
9	3.871	乙酰胺	#		#	
10	4.269	丙二醇	0.14	醇	—	
11	4.629	氨基甲酸	—		0.35	中间产物
12	4.670	乳酸	0.68	有机酸	1.47	有机酸
13	5.629	甘氨酸	—		0.08	氨基酸
14	7.050	L - 缬氨酸	0.41	氨基酸	—	
15	7.892	甘油	1.43	醇	2.30	醇
16	8.243	L - 脯氨酸	0.25	氨基酸	1.86	氨基酸
17	8.990	2 - 丁烯二酸	0.17	有机酸	1.57	有机酸
18	9.106	丝氨酸	0.16	氨基酸	1.66	氨基酸
19	9.185	2 - 哌啶酸	—		1.70	中间产物
20	9.457	L - 苏氨酸	—		1.55	氨基酸
21	9.944	苯丙氨酸	—		1.54	氨基酸

续表

序号	保留时间（min）	名称	DM		JLH	
			相对含量	种类	相对含量	种类
22	10.793	苹果酸	0.44	有机酸	1.47	有机酸
23	10.980	3-氨基-2-哌啶酮	0.25	中间产物	1.42	中间产物
24	11.197	天冬酰胺	0.88	氨基酸	1.64	氨基酸
25	12.403	L-谷氨酸	0.80	氨基酸	1.48	氨基酸
26	12.494	L-苯丙氨酸	0.38	氨基酸	1.56	氨基酸
27	12.586	酒石酸	—		1.50	有机酸
28	13.978	磷酸	0.28	有机酸	0.38	有机酸
29	14.254	萘普生	—		0.21	有机化合物
30	14.533	D-呋喃果糖	—		0.07	糖
31	14.604	柠檬酸	2.13	有机酸	3.22	有机酸
32	15.375	塔罗糖	—		0.06	糖
33	15.561	4-叔丁基-2,6-二甲氧基苯酚	0.2	中间产物	0.35	中间产物
34	15.813	山梨醇	—		0.05	糖醇
35	15.911	呋喃半乳糖醛酸	1.75	中间产物	—	
36	16.029	D-松醇	0.44	糖	0.6	糖
37	16.233	葡萄糖	—		0.10	糖
38	16.328	β-D-呋喃半乳糖	0.76	糖	0.70	糖
39	16.500	棕榈酸	0.45	脂肪酸	1.37	脂肪酸
40	17.325	D-半乳糖	0.06	糖	—	
41	17.806	左旋谷氨酸	—		0.23	氨基酸
42	17.852	月桂酰胺	—		0.08	中间产物
43	18.237	亚油酸	4.33	脂肪酸	2.38	脂肪酸
44	18.406	肌醇	7.49	中间产物	3.94	中间产物
45	18.503	亚麻酸	1.87	脂肪酸	0.84	脂肪酸
46	18.615	硬脂酸	1.62	脂肪酸	0.37	脂肪酸
47	18.807	D-甘露糖	0.42	糖	0.27	糖
48	18.980	奎宁酸	—		0.23	有机酸
49	20.019	5-甲基尿苷	—		0.07	中间产物
50	20.124	肌醇	0.28	中间产物	0.12	中间产物
51	20.164	13-二十碳烯酸	0.28	脂肪酸	—	
52	20.374	花生酸	0.44	脂肪酸	—	

续表

序号	保留时间（min）	名称	DM		JLH	
			相对含量	种类	相对含量	种类
53	20.951	蔗糖	5.73	糖	6.33	糖
54	22.547	亚油醇乙醇胺	—		0.09	中间产物
55	22.938	单硬脂酸甘油酯	—		0.09	中间产物
56	22.998	甜菜苷	0.28	中间产物	0.33	中间产物
57	23.095	β-乳糖	0.89	糖	0.32	糖
58	23.270	乳糖	—		0.24	糖
59	23.335	β-乳糖	0.68	糖	1.47	糖
60	23.833	2-α-甘露二糖	—		0.10	糖
61	24.464	D-生育酚	0.47	中间产物	0.38	中间产物
62	26.181	菜油甾醇	0.22	植物甾醇	0.25	植物甾醇
63	26.337	豆甾醇	0.71	植物甾醇	0.87	植物甾醇
64	26.754	β-谷甾醇	1.31	植物甾醇	2.01	植物甾醇
65	27.464	棕榈酰	2.40	中间产物	—	
66	30.979	2-亚麻酰基-rac-甘油	2.85	中间产物	—	
67	31.528	麦芽糖	—		0.40	糖

"#"表示衍生化试剂,"—"表示为检测到。

在被鉴定的全离子分析物中,乙酰酸、N-甲基丙酰胺、乙胺、丁胺、双羟乙基砜、乙酰胺以上化合物为衍生化试剂形成,在此不做讨论。

7.2.2　差异代谢产物的相对含量及代谢途径分析

7.2.2.1　DM 的差异代谢产物及代谢途径分析

通过与 JLH 的代谢产物对比分析得出,DM 共有 10 个差异代谢产物,如表 7-2 所示,分别是丁酸、乙二醇、丙二醇、L-缬氨酸、呋喃半乳糖醛酸、D-半乳糖、13-二十碳烯酸、花生酸、棕榈酰、2-亚麻酰基-rac-甘油。

表 7-2　大明绿豆的差异代谢产物

序号	保留时间(min)	名称
1	3.498	丁酸
2	3.627	乙二醇
3	4.269	丙二醇
4	7.050	L-缬氨酸

序号	保留时间（min）	名称
5	15.911	呋喃半乳糖醛酸
6	17.325	D - 半乳糖
7	20.164	13 - 二十碳烯酸
8	20.374	花生酸
9	27.464	棕榈酰
10	30.979	2 - 亚麻酰基 - rac - 甘油

其相对含量如图 7 - 3 所示,其中 2 - 亚麻酰基 - rac - 甘油、棕榈酰含量较高,峰面积值均达到 2% 以上。

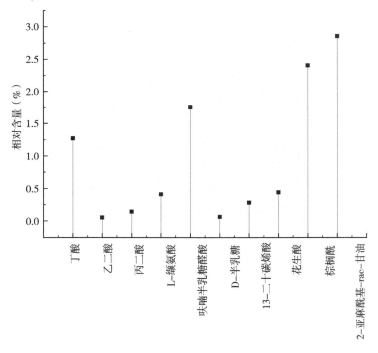

图 7 - 3 　大明绿豆的差异代谢产物

其中,L - 丙氨酸、L - 缬氨酸是通过氨基酸代谢途径形成的;丁酸、2 - 亚麻酰基 - rac - 甘油、棕榈酰、花生酸、13 - 二十碳烯酸、乙二醇、丙二醇是通过脂肪代谢途径形成的;绿豆细胞内脂肪酸氧化分解为乙酰 CoA 之后,在乙醛酸体(glyoxysome)内生成琥珀酸、乙醛酸和苹果酸等代谢产物;此外琥珀酸可用于糖的合成,绿豆内部含有乙醛酸体,在萌发时存在着能够将脂肪转化为糖的乙醛酸循环。

7.2.2.2　JLH 的差异代谢产物及代谢途径分析

通过与 DM 代谢产物对比分析得出,JLH 共有 20 个差异代谢产物,如表 7－3 所示,分别是氨基甲酸、甘氨酸、2－哌啶酸、L－苏氨酸、苯丙氨酸、酒石酸、萘普生、D－呋喃果糖、塔罗糖、山梨醇、葡萄糖、左旋谷氨酸、月桂酰胺、奎宁酸、5－甲基尿甙、亚油醇乙醇胺、单硬脂酸甘油酯、乳糖、2－α－甘露二糖、麦芽糖。

表 7－3　九鲤湖绿豆的差异代谢产物

序号	保留时间(min)	名称
1	4.629	氨基甲酸
2	5.629	甘氨酸
3	9.185	2－哌啶酸
4	9.457	L－苏氨酸
5	9.944	苯丙氨酸
6	12.586	酒石酸
7	4.254	萘普生
8	14.533	D－呋喃果糖
9	15.375	塔罗糖
10	15.813	山梨醇
11	16.233	葡萄糖
12	17.806	左旋谷氨酸
13	17.852	月桂酰胺
14	18.980	奎宁酸
15	20.019	5－甲基尿苷
16	22.547	亚油醇乙醇胺
17	22.938	单硬脂酸甘油酯
18	23.270	乳糖
19	23.833	2－α－甘露二糖
20	31.528	麦芽糖

其相对含量如图 7－4 所示,其中 2－哌啶酸含量最高,其次是 L－苏氨酸、苯丙氨酸、酒石酸含量较高,峰面积值均达到 2% 以上。

在 20 种代谢产物中,参与脂类代谢途径的有 3 种:月桂酰胺、亚油醇乙醇胺、单硬脂酸甘油酯。单硬脂酸甘油酯则推测是通过绿豆内油脂中含有的磷脂

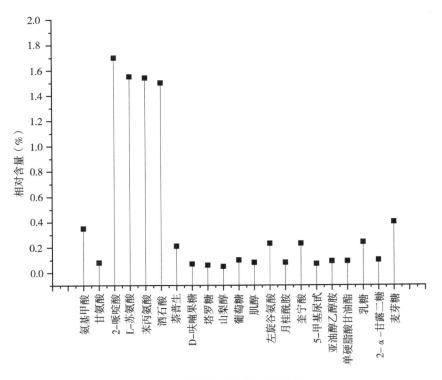

图 7 - 4　九鲤湖绿豆的差异代谢产物

酸与取代基团代谢生成。乙醇胺是植物中天然存在的脂质生物活性化合物,通过氨解二乙醇绿豆体内含有的油脂类物质而得,在油脂的聚氨酯分子骨架上引入绿豆油脂分子,利用油脂中的双键醇胺,在催化作用下生成亚麻油酰胺。

　　参与氨基酸代谢途径的有 9 种:氨基甲酸、甘氨酸、2 - 哌啶酸、L - 苏氨酸、苯丙氨酸、酒石酸、左旋谷氨酸、奎宁酸、5 - 甲基尿武。因为植物的生长需要甘氨酸等多种氨基酸,在组织培养中,植物不能自身合成,必须有原料。而甘氨酸是很多种氨基酸在生物体内合成的前体物质,在脱氨基转氨基作用时都会用于合成其他物质,因此推测甘氨酸是多种氨基酸脱氨时的代谢产物,是绿豆体内胺类物质水解的中间产物。2 - 哌啶酸是一种经过修饰的非天然氨基酸(2 - 取代衍生物是哌啶酸最常见的衍生物),常常表现出有效地生物活性,在这些化合物中,4 - 甲基 - 2 - 哌啶酸乙酯是一个关键中间体。因此推测 2 - 哌啶酸可能是通过 4 - 甲基 - 3,4 - 烯 - 6 - 哌啶酸乙酯的氢化还原 4 - 甲基 - 2 - 哌啶酸乙酯而得到。苏氨酸是通过绿豆体内蛋白质水解产生,L - 苏氨酸是其具有活性的一类,其在体内的分解代谢中,是唯一不经过脱氨基作用和转氨基作用,而是直接通过苏氨酸脱水酶、苏氨酸脱氢酶和苏氨酸醛缩酶催化转变为其他物质的氨基酸,如苏氨酸可转变成丁酰辅酶 A、琥珀酰辅酶 A、丝氨酸、甘氨酸等。苯丙氨酸氨解酶(PAL)是豆类植物苯丙酸类化合物代谢过程中的一个关键酶,它催化 L - 苯丙氨酸氨解生成反式苯丙烯酸,依据此酶特异的催化反应来降低肿瘤细胞生长所需的苯丙氨酸。

酒石酸即二羟基琥珀酸,是在 TCA 循环中积累形成的。奎宁酸是高等植物特有的脂环族有机酸,奎宁酸还被发现在许多植物组织中作为绿原酸(chlorogenic acid)等的缩酚酸类的组成成分,在植物体内经莽草酸途径作为一种芳香族氨基酸生物合成的前体物质,但在代谢上的作用仍未阐明。5 - 甲基尿苷是生产抗艾滋病药物 AZT 和 d4T 的主要原料,可以采用化学合成法和生物合成法生产,该代谢产物是鸟苷和胸腺嘧啶在酶的作用下形成的。

参与糖类代谢途径的有 7 种:D - 呋喃果糖、塔罗糖、山梨醇、D - 葡萄糖、乳糖、2 - α - 甘露二糖、麦芽糖。其中,塔罗糖可由葡萄糖或甘露糖经化学反应获得。果糖是最常见的六碳酮糖,广泛存在于绿豆中。山梨醇是这些植物的主要光合产物,也是碳水化合物的运输形式和一种可溶性的贮藏碳水化合物,其合成和分解由多种不同的酶经多种途径催化进行,其代谢调节着植物的库源转变和库源强度。在多元醇途径中,葡萄糖经醛糖还原酶(AR)催化还原成山梨醇,后者在山梨醇脱氢酶(SDH)的作用下转变为果糖。塔罗糖、山梨糖醇均是单糖,推测其由葡萄糖或甘露糖经醛糖还原酶(AR)催化还原而成。乳糖是由葡萄糖和半乳糖组成的双糖。2 - α - 甘露二糖是 β - 1,4 - 甘露聚糖降解的中间物,麦芽糖是由两个葡萄糖单位经由 α - 1,4 糖苷键连接而成的二糖,此外,在本样品差异代谢产物中还发现有萘普生存在,萘普生是一种非甾体抗炎药物,在绿豆生化代谢途径中并无该物质的产生,考虑到萘普生常用作化工合成 PG 合成酶抑制剂原料,据此推测此品种绿豆在生长过程中可能因外界药物作用使萘普生最终残留于绿豆中。

7.2.3　相同代谢产物分析

两种样品中共有 30 种相同代谢产物,如图 7 - 5 所示,其中 L - 正缬氨酸、肌醇、蔗糖含量较高(>7%)。在 30 种代谢产物中参与氨基酸代谢途径的有 6 种:L - 正缬氨酸、L - 脯氨酸、丝氨酸、天冬酰胺、谷氨酸、L - 苯丙氨酸。

正缬氨酸是缬氨酸的同分异构体,也是一种非蛋白质支链氨基酸,L - 正缬氨酸是其具有活性的一类,推测其是由于氨基腈通过水解及脱苄产生的。L - 脯氨酸是蛋白质组成成分之一,微生物体内的脯氨酸合成途径有两种,一种是以谷氨酸为前体,另一种则以鸟氨酸为前体。绿豆体内 L – 脯氨酸的生物合成主要是以 L – 谷氨酸为前体,通过 B – proA – pro 途径合成的脯氨酸用于合成蛋白质;而在外界高渗透压环境的胁迫下,L – 脯氨酸的合成则主要通过 proJ – proA – proH 途径产生。

参与脂类代谢途径的有 5 种:甘油、棕榈酸、亚油酸、亚麻酸、硬脂酸。已有资料说明植物种子中储存的脂肪酸常以三酰甘油酯,即以在甘油骨架上附连 3 个脂肪酸的形式存在。而脂肪酸成分主要是 16 至 18 碳或含一至三个双键的脂肪酸,如本实验样品中出现的棕榈酸(16:0)(十六碳酸)、硬脂酸(18:0)(十八碳酸)、油酸(18:1)(十八碳一烯酸)、亚油酸(18:2)(十八碳二烯酸)和亚麻酸(18:3)(十八碳三烯酸)等。

参与糖代谢途径的有 7 种:β – D – 呋喃半乳糖、肌醇、D – 甘露糖、蔗糖、甜菜苷、β – 乳糖、D – 松醇。其中肌醇是广泛存在于植物中的一种物质,结构类似于葡萄糖,绿豆中的肌醇常为游离状态,是一种由葡萄糖水解产生的碳水化合物。

2 – 丁烯二酸、苹果酸、柠檬酸参与 TCA 循环,该循环不仅是糖代谢的重要途径,也是脂肪、蛋白质和核酸代谢最终氧化成 CO_2 和 H_2O 的重要途径,如糖酵解中形成的磷酸烯醇式丙酮酸(PEP)可不转变为丙酮酸,而是在 PEP 羧化酶催化下形成草酰乙酸(OAA),草酰乙酸再被还原为苹果酸,苹果酸可经线粒体内膜上的二羧酸传递体与无机磷酸(Pi)进行交换进入线粒体衬质,可直接进入 TCA 循环;苹果酸在衬质中,也可在苹果酸酶的作用下脱羧形成丙酮酸,或在苹果酸脱氢酶的作用下生成草酰乙酸,再进入 TCA 循环,可起到补充草酰乙酸和丙酮酸的作用。乳酸则是绿豆在进行无氧过程中的积累。因为大明绿豆与九里湖绿豆品种基因的不同,所以最终表现出来的特性是有差异的,不同基因型绿豆具有不同的叶片衰老与活性氧代谢特性,而绿豆叶片衰老和活性氧代谢会直接影响 TCA 循环的代谢产物。在 TCA 循环中,由于活性氧代谢的差异性,两者在相同的代谢过程中虽然能产生相同的代谢产物,但是代谢产物的产量却有差异。

菜油甾醇、豆甾醇、β – 谷甾醇参与类固醇生物合成,植物甾醇是存在于植物中的一大类化学物质的总称,其结构与胆固醇相似,几乎存在于所有的植物性食物中,通过在数据库中搜索发现,菜油甾醇由亚甲基胆固醇通过固醇还原酶代谢而成,并且通过类固醇 22 – α – 羟化酶代谢出 22 – α – 羟基樟脑醇,谷甾醇由异岩藻甾醇通过固醇还原酶代谢而成。

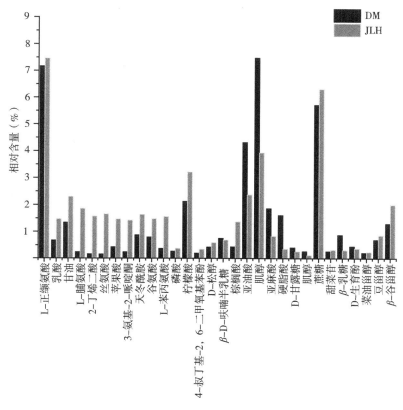

图 7 - 5　两种样品的相同代谢产物

7.3　小结

本实验通过采用基于 GC - MS 的代谢组学技术对两种不同绿豆中的代谢产物进行了分离与鉴定。共鉴定 67 种代谢产物,DM 绿豆有 40 种代谢产物,JLH 绿豆有 50 种代谢产物。而且实验结果发现,DM 的代谢产物中氨基酸相对含量占比、糖类相对含量占比、有机酸相对含量占比、脂肪酸相对含量占比、植物甾醇相对含量占比均低于 JLH,中间产物相对含量占比较 JLH 高,可见,JLH 相比于 DM 更容易代谢出有益的代谢产物。其中两种样品绿豆相同代谢产物有 30 种,在大明绿豆中 L - 正缬氨酸、亚油酸、肌醇、L - 正缬氨酸、蔗糖、亚油酸含量较高,2 - 丁二烯酸、丝氨酸、4 - 叔丁基 - 2,6 - 二甲氧基苯酚、菜油甾醇含量较低;在九鲤湖绿豆中 L - 正缬氨酸、柠檬酸、肌醇、蔗糖含量较高,D - 甘露糖、甜菜苷、

β-乳糖、菜油甾醇含量较低。由于样品绿豆种类不同,基因也就不完全相同,所得到的代谢产物也存在一定的差异性。在分析两种样品的差异代谢产物的代谢途径时,大明绿豆的差异代谢产物中参与脂肪代谢途径的有两种,参与氨基酸代谢途径的有7种,参与糖代谢途径的有1种;而在九鲤湖绿豆的差异代谢产物中参与脂类代谢途径的有3种,参与氨基酸代谢途径的有9种,参与糖类代谢途径的有7种,并且发现了萘普生。由此可见,九鲤湖绿豆的代谢过程相比大明绿豆的代谢过程更为复杂。这项研究为绿豆品质分析提供理论基础,也为绿豆分类加工或分品种提取功能性成分提供依据。

参考文献

[1] 滕聪,么杨,任贵兴. 绿豆功能活性及应用研究进展[J]. 食品安全质量检测学报,2018(13). DOI:10.3969/j.issn.2095-0381.2018.13.012

[2] 刘虹,易丽莎,蒲乙琴,等. 中国野生豆科植物资源及豆类蛋白研究概况[J]. 生物资源,2019(3).

[3] 杜梦霞,李璇,谢建华,等. 绿豆蛋白与多肽理化性质及其生物活性研究进展[J]. 食品工业科技,2016(37):367. DOI:10.13386/j.issn1002-0306.2016.21.062.

[4] KONG X , ZHOU H , QIAN H . Enzymatic hydrolysis of wheat gluten by proteases and properties of the resulting hydrolysates[J]. Food Chemistry,2007,102(3):759-763. DOI:10.1016/j.foodchem.2006.06.062.

[5] 李子健,刘秀丽,裴乐,等. 生物活性肽的研究进展[J]. 畜牧与饲料科学,2019,40(12):20-24.

[6] 马诗文,高云,吴金龙,等. 风味蛋白酶和中性蛋白酶复合酶解大豆分离蛋白制备多肽的研究[J]. 粮食与饲料工业,2017,000(7):43-45. DOI:10.7633/j.issn.1003-6202.2017.07.011.

[7] 安启源,刘璇,马金龙. 绿豆各组分中多糖含量的比较[J]. 现代园艺,2017(19):14-14.

[8] 张海均,贾冬英,姚开. 绿豆的营养与保健功能研究进展[J]. 食品与发酵科技,2012(1):10-13. DOI:CNKI:SUN:SKSF.0.2012-01-003.

[9] 高翔,牟琼,李娟. 绿豆的研究进展[J]. 农技服务,2019,36(6):51-52+55.

［10］王明海，徐宁，包淑英，等. 绿豆的营养成分及药用价值［J］. 现代农业科技，2012（6）：343 - 344. DOI：CNKI：SUN：ANHE. 0. 2012 - 06 - 213.

［11］SCHNACKENBERG L K，BEGER R D . Monitoring the health to disease continuum with global metabolic profiling and systems biology ［ J ］. Pharmacogenomics，2006，7（7）：1077 - 1086. DOI：10. 2217/14622416. 7. 7. 1077.

［12］MPANGA A Y，STRUCKLEWICKA W，BUJAK R，et al. Metabolomic Heterogeneity of Urogenital Tract Cancers Analyzed by Complementary Chromatographic Techniques Coupled with Mass Spectrometry ［J］. Current Medicinal Chemistry，2017，24. DOI：10. 2174/0929867324666171006150326.

［13］杨倩春，李思宁，陈硕，等. 代谢组学的运用及其研究进展［J］. 临床合理用药杂志，2020，13（2）：176 - 178. DOI：10. 15887/j. cnki. 13 - 1389/r. 2020. 02. 100.

［14］OLIVER S G . Yeast as a navigational aid in genome analysis ［J］. Microbiology，1997，143（5）：1483 - 1487. DOI：10. 1099/00221287 - 143 - 5 - 1483.

［15］FIEHN O . Metabolomics － the link between genotypes and phenotypes［J］. Plant Molecular Biology，2002，48（1 - 2）：155 - 171. DOI：10. 1023/a：1013713905833.

［16］TWEEDDALE H，NOTLEY - MCROBB L，FERENCI T. Effect of slow growth on metabolism of Escherichia coli，as revealed by global metabolite pool（"metabolome"）analysis. ［J］. Journal of bacteriology，1998，180（19）：5109 - 5116.

［17］NICHOLSON J K，LINDON J C，HOLMES E. Metabonomics：understanding the metabolic responses of living systems to pathophysiological stimuli via multivariate statistical analysis of biological NMR spectroscopic data［J］. Xenobiotica；the fate of foreign compounds in biological systems，1999，29（11）.

［18］HUI - RU T，YU - LAN W . Metabonomics：a revolution in progress［J］. Progress in Biochemistry & Biophysics，2006，33（5）：401 - 417. DOI：10. 1088/0967 - 3334/27/5/S12.

［19］HOLMES E，TANG H，WANG Y，et al. The Assessment of Plant Metabolite

Profiles by NMR – Based Methodologies[J]. Planta Medica, 2006, 72(9): 771 – 785. DOI: 10.1055/s – 2006 – 946682.

[20] DALLUGE J J, SMITH S, SANCHEZ – RIERA F, et al. Potential of fermentation profiling via rapid measurement of amino acid metabolism by liquid chromatography – tandem mass spectrometry[J]. Journal of Chromatography A, 2004, 1043(1): 3 – 7. DOI: 10.1016/j. chroma. 2004. 02. 010.

[21]曹厚华, 俞仲毅. 代谢组学与中医证候的相关性研究进展及液质联用方法的客观评价[J]. 上海中医药大学学报, 2016(6): 87 – 94. DOI: CNKI: SUN: SHZD. 0. 2016 – 06 – 020.

[22]纪勇, 郭盛磊, 杨玉焕. 代谢组学方法研究进展[J]. 安徽农业科学, 2015 (25): 21 – 23. DOI: 10.3969/j. issn. 0517 – 6611. 2015. 25. 007.

[23]黄庆霞. 乙肝病毒感染与复制对宿主磷脂代谢的影响研究[D]. 中国科学院大学(中国科学院武汉物理与数学研究所)2019(6).

[24]邵淑君. N – 酰基乙醇胺代谢在番茄防御灰霉病侵染中的作用及机制研究 [D]. 2016.

[25]李明. 4 – 甲基哌啶酸的合成研究[D]. 西南交通大学, 2014.

[26]黄金, 徐庆阳, 陈宁. L – 苏氨酸的生产方法及研究进展[J]. 河南工业大学学报(自然科学版), 2007(5):92 – 96.

[27]宋凯. 一种从绿豆中提取苯丙氨酸氨解酶的方法:CN201210138294.5[P]. 2013 – 11 – 13.

[28]张伟. 以莽草酸为起始原料合成奎宁酸[D]. 2015.

[29]上官俊龙, 苏境坦, 郑桂兰, 等. 乙酰微小杆菌生物合成5 – 甲基尿苷的研究% A Study on the Biosynthesis of 5 – Methyluridine[J]. 广东海洋大学学报, 2011, 031(4):30 – 36.

[30]周睿, 束怀瑞. 高等植物中的山梨醇及其代谢[J]. 植物生理学通讯, 1993, 029(5):384 – 390.

[31]纪夏玲. 次氯酸钠氧化降解水体中萘普生的研究[D]. 2015. DOI: 10. 7666/d. Y2795964.

[32]邓凤飞, 杨双龙, 龚明. 渗透胁迫对小桐子幼苗脯氨酸积累及其代谢途径的影响[J]. 西部林业科学, 2016(1): 31 – 36. DOI: 10.16473/j. cnki. xblykx1972. 2016. 01. 005.

[33]陈金波. 植物种子中脂肪酸代谢调控基因工程研究[J]. 现代农业科学,

2009, 000(5): 20 - 21. DOI: CNKI: SUN: NCSY. 0. 2009 - 05 - 010.

[34]张梦,谢益民,杨海涛,等. Myo - inositol Metamolism as the Precursor of Xylan and Pectin in Plants% 肌醇在植物体内的代谢概述 - 肌醇作为细胞壁木聚糖和果胶前驱物的代谢途径[J]. 林产化学与工业, 2013, 033(5): 106 - 114.

[35]冯妹元. 常见食物中植物甾醇的气相色谱分析方法和应用的研究[D]. 南昌大学, 2006.

第8章 不同产地小米的代谢产物差异分析及代谢途径分析

杂粮(coarse cereals)是小米、燕麦、荞麦、红小豆、绿豆、芸豆、豌豆等小宗作物的统称。因其生长周期短,适应范围广,耐旱耐瘠、易于种植管理等特点,既可作为"填闲补种"的作物,也可与大宗作物实行间作、套种、混种,是生态条件较差的干旱半干旱地区或高寒地区种植的主要作物,同时也是抗灾救荒的理想作物和种植业资源合理配置与结构调整中不可缺少的特色作物。

近年来,我国粮食供求总量平衡,但结构性矛盾日益增加,因此国家出台的"镰刀弯"地区大幅缩减玉米种植面积、国务院"两江平原"现代农业综合配套改革试验区"等政策中都将杂粮杂豆纳入保证国家粮食安全、调整农业产业结构的范畴,而且2016的中央"一号文件"中也提到要因地制宜地发展杂粮杂豆等作物,以推进种植业结构调整。农业部《全国种植产业结构调整规划(2016—2020年)》中也提到:到2020年,我国薯类、杂粮、杂豆种植面积将达到2.3亿亩左右。

杂粮具备"天然、绿色、营养、健康"的品类特征。杂粮营养丰富,其营养价值大多优于主要谷物(小麦和水稻)。当前,我国政府实施的"健康中国"战略为保健食品市场发展提供了十分有利的政策机遇和空间,杂粮作为一类很好的营养素源也是未来保健食品的有力支撑,未来可期。随着我国居民膳食要求的安全化向营养均衡化的深入,对"杂粮"食品的要求也更"深入化、精细化、营养均衡化"。

杂粮中的杂豆属于低 GI 食品,具有高蛋白、高纤维、不可消化碳水化合物、低脂肪、低升糖指数、高 B 族维生素与矿物元素、低致敏性,早已被认为是健康饮食中的一部分。随着城乡人民生活水平的提高及国人消费意识的转变,杂粮及其加工制品以其营养丰富、风味独特、粮药兼用等特点越来越受到人们的青睐,消费需求增加,国内供给偏紧,市场价格走高,比较效益大幅提升。这种强劲的市场需求给从事杂粮生产的农民带来越来越多的收益。因此发展和延长杂粮产业链能够促进加工业与种植业的良性循环,可有力拉动种植业发展,促进农业增效,对促进农业可持续发展具有重大推动作用。

杂粮研究现状:基本处于优化阶段,除一般为分析不同地区、不同品种代谢产物差异、研究优势代谢产物等基础性研究外,更升级研究其中特定功能代谢产物,如对黄酮类物质、抗氧化物等一些特定功能物质的研究,再者就是对作物产地的快速检测,如钱丽丽、张丽媛等利用近红外漫反射光谱技术对小米产地的溯源,快检结果表明此法是一种快速、高效、无损的小米产地溯源判别技术。虽然目前杂粮体外研究相对较为丰富,但缺少杂粮产品作为一种产品营养源对人机体整个系统代谢影响的研究,其原因主要有三:其一,作为食品对人机体代谢的影响是一个相对较缓慢的过程;其二,不同体质人群吸收代谢能力的个体差异性也是很大的影响因素;其三,食品不像研究药品一样,药品基本上是单一物质、纯度很高,对病理调控的研究相对较容易,而食品含有复杂的成分,其中不同代谢产物对机体代谢途径的影响又不是单一的。很多因素造成了食品不能整体性在机体代谢过程进行研究,目前大多主要研究其两个终端(食用前、食用后),故利用组学探究代谢过程会发挥很大作用。

谷子又称粟,脱壳后称小米,禾本科狗尾草属,是北方地区广泛种植的一种小杂粮,小米营养丰富,是一种优质谷物,小米有清热解渴的功效,可调理脾胃虚弱、食物消化不良等症状。食用小米具有补气补肾的功效,五谷中小米的补肾作用较强。小米具有健脾和健胃的功效,治疗脾胃不和、脾虚腹泻、消化不良、腹痛等症状。当体内氧化平衡被破坏时,会引起氧化应激,破坏脂类和蛋白质的结构和功能,导致癌症、动脉硬化、衰老等多种疾病。小米中含有酚类化合物、维生素、氨基酸、抗氧化酶等多种天然抗氧化剂,具有显著的体内外抗氧化活性。以其为原料可加工成的食品种类繁多,并且营养成分齐全,具有一定的保健作用,特别是经过营养强化的小米食品营养价值更高,保健作用进一步得到提高,而且容易消化,还可以进一步加工生产黄色素、膳食纤维等高附加值产品。

代谢组学是研究物质在新陈代谢的动态进程中分子水平上的整体性、系统性的代谢产物变化的规律,其研究对象大都是相对分子质量 1000 以内的小分子代谢产物及其动态变化,揭示了生命活动代谢本质的科学。Nicholson 研究小组于 1999 年提出了代谢组学的概念。

由于食品是一个复杂的体系,需要利用代谢组学的整体性应用在食品中,代谢组学在食品中应用主要有:一,食品中化学成分的检测,由于食品是一个物质丰富,而且种类含量各有不同的聚集体,是一个多角度的、多方面的营养源,故研究食品的基本品质也成了研究食品的基础,于是利用代谢组学的整体性研究食品各种化学成分从而探寻食品的特有品质及特有风味成了最为便捷的方法,利用代谢组学的整体性可以探寻"食品"在成长过程中各代谢产物的基本情况;也可用于探究代谢途径,如冯玉超、张丽媛等利用代谢组学方法对黑龙江省不同产地水稻进行主成分分析、偏最小二乘法—判别分析以及聚类分析进行多元统计分析出44种化合物,并筛选出建三江地区相对于其他产区具有显著变化的差异代谢产物9种;二,食品质量检测与安全中,用于检测农残兽残、添加剂违规使用、转基因食品生长代谢中代谢产物的安全性,近年来,我国发生过很多的食品安全事件,但随着科学的进步、技术的发展,我国检验食品中有毒有害物质的能力提升了很多,也更加方便、快捷、高效,如王珮在液相色谱—飞行时间质谱法(LC – Q – TOF)对多种兽残同时检测方法探究中就利用色谱质谱确立了磺胺类、三苯甲烷类、氟喹诺酮类、林可胺类、大环内酯类、雌激素类和酰胺醇类共7类45种兽药残留最佳分离条件、最佳质谱条件并确定了其保留时间,为以后的检查相当于起到了一个内标物的作用;三,食品营养与健康中,随着人类物质生活水平的提高,人们对吃得饱已经转向吃得好、吃得营养健康方面发展,而代谢组学方法的使用更容易从整体去把握高营养物及活性标志物,从而使得目前一些有活性的物质对人体影响机理的研究(如黄酮类物质的研究)更加火热,李伟等在不同来源酱油渣中大豆异黄酮苷元成分分析及抗炎活性研究中发现,不同来源的大豆异黄酮不影响物质组成和生理活性,但是大豆异黄酮苷元能降低脂多糖(LPS)从而诱导巨噬细胞产生高效的 NO、TNF – α、IL – 1β 和 IL – 6,具有极显著抗炎效果,等等。代谢组学方法已是目前应用广泛的研究方法。

色谱具有很好的分离效果,质谱具有很好的鉴定效果,也较广泛地应用于各大领域,尤其是在代谢组学的研究中。极性强、挥发性低、热稳定性差的物质需要衍生化后再进行 GC – MS 分析,本实验就应用了衍生化过程。目前,有很多研究就利用联用技术进行分析实验,如李维妮等在乳酸菌发酵苹果汁香气成分的分析中应用气相色谱—质谱法,对苹果汁进行感官评价,在各组苹果汁中共鉴定了48种香气成分,主要包含醇类、酯类、醛类、酮类和酚类;苑昱东等在冷鲜滩羊肉贮藏中脂肪差异代谢产物研究中利用 GC – MS 技术分析研究得出差异代谢产物的种类随贮藏时间的延长总体呈下降趋势的结果。由此可知,GC – MS 有很好的分离与检测效果,也因 GC – MS 的应用具有高灵敏性,可用于快检的优势,本次实验就采用了 GC – MS 联用技术来研究小米的代谢产物。通过运用代谢组学研究方法对同产地不同品种的小米间代谢产物进行分离鉴定并分析其代谢差异产物、优势代谢产物,并为后期探寻整个代谢系统中代谢途径差异研究做铺垫;为后期储存、品种改良、深加工及其代谢产物的实际应用做铺垫;更为后期全面了解食物作用于人体后的综合响应,判断变化发生的层面,从分子水平上认识其作用机制做铺垫;也通过代谢产物的比较分析,为小米的产地溯源与区分提供理论基础。

8.1　材料与方法

8.1.1　材料与试剂

试验所用到的主要仪器设备见表 8 - 1。

表 8 - 1　试验主要用仪器设备

仪器名称	型号规格	生产厂家
三重四极杆型 GC - MS - TQ8040	GC - MS - TQ8040	日本岛津技术有限公司
自动进样器	AOC - 5000	日本岛津技术有限公司
色谱柱 Rxi - 5Sil MS	30 m × 0.25 mm × 0.25 μm	日本岛津技术有限公司
离心机	CR3i multifunction	美国赛默飞世尔科技公司
电热恒温鼓风干燥箱	DGG - 9140A	上海森信实验仪器有限公司
电热恒温培养箱	DRP - 9082	上海森信实验仪器有限公司
氮吹浓缩装置	MTN - 2800D	天津奥特塞恩斯仪器有限公司
移液枪	1000 μL、200 μL	美国赛默飞世尔科技公司

在肇源县古龙镇进行的田间试验获得的小米样品,品种分别为古龙贡米(GL)、禾绅小米(HS),在相同田间管理条件下同时生长,同时收获,收货后储藏在 -80℃冰箱备用,3 个生物学重复用于代谢产物测定。

8.1.2　实验试剂

所用到的主要试剂见表 8 - 2。

表 8 - 2　主要试剂及生产厂家

试剂名称	生产厂家
甲醇	美国赛默飞世尔科技公司
乙腈	美国赛默飞世尔科技公司
异丙醇	美国赛默飞世尔科技公司
N,O - 双(三甲基硅基)三氟乙酰胺(BSTFA)	美国麦克林公司
甲氧胺盐酸盐	美国 Sigma - Aldrich 公司
吡啶	美国 Sigma - Aldrich 公司

试剂名称	生产厂家
标准物质	美国 Sigma – Aldrich 公司和国家药品和生物制品控制研究所(北京,中国)
色谱级用水	美国米利波尔公司的 Milli – q 水净化系统

所有其他分析级试剂均来自北京化工厂(北京,中国)。

8.1.3 方法

8.1.3.1 小米样品预处理

选取完整、成熟的小米样品,放入研钵研磨,研磨好的粉末样品储存于 $-80℃$ 冰箱待分析。

8.1.3.2 代谢产物提取

分别称取 50 mg 小米样品粉末于 2 mL EP 管,加入 800 μL 80% 甲醇溶液和 10 μL 内标(2 – 氯苯丙氨酸)移入 EP 管快速涡旋 30 s 混匀,均质放入超声波清洗机 35℃ 超声 9.0 min,超声提取过程每 1 min 剧烈振摇 1 次,而后置于 4℃ 离心机,12 000 r/min 离心 10 min,离心后取 200 μL 上清液转移至 GC 进样小瓶 (1.5 mL自动进样瓶),氮气吹干。

8.1.3.3 衍生化处理

取 30 μL 甲氧铵盐酸吡啶溶液至浓缩后的样品中,快速混匀至完全溶解,置于 37℃ 恒温箱 1 h,取出后加入 30 μL 三氟乙酰胺在 70℃ 烘箱 1 h 进行衍生化处理。

8.1.3.4 GC – MS 分析

色谱条件:用自动取样器注入 1 μL 样品溶液。进样口温度 280℃,四极杆温度 150℃,高纯氮气(纯度大于 99.999%)作为载气,不分流进样,进样量1.0 μL。升温程序为:初始温度 80℃,维持 2 min,10℃/min 升至 320℃,并维持 6 min,然后 80℃ 平衡 6 min,然后再注入下一次样品。

质谱条件:电子电离源;离子源温度 230℃,接口温度 300℃,溶剂切割时间 2 min,采集模式 Q3 Scan,采用全扫描。

8.1.3.5 数据处理

实验结果与美国国家标准与技术研究所(NIST)标准谱库对比分析,得到的代谢产物信息在京都市基因与基因组百科全书(KEGG 数据库)中搜索比对,确认代谢产物和代谢途径,运用 Excel 制表,采用 Origin 绘图。

8.2　结果与讨论

8.2.1　代谢产物的分离与鉴定

如图 8 - 1、图 8 - 2 所示,由代谢谱图中分离度、分辨率以及基线的稳定性来看,本次实验分离鉴定方法的条件选择是有效的,两谱图的总离子流图大致相似,但是在 25.0 ~ 27.0 min 时间段存在不同。

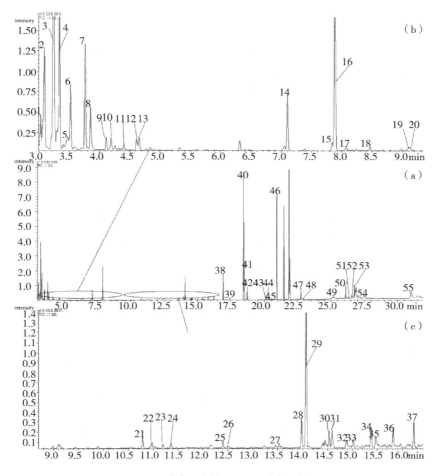

图 8 - 1　古龙贡米的 GC - MS 总离子流图

(a)古龙贡米代谢产物 55 个峰总图　(b)古龙贡米代谢产物峰值在 3.00 ~ 9.00 min的峰数　(c)为古龙贡米代谢产物峰值在 9.00 ~ 16.00 min 的峰数

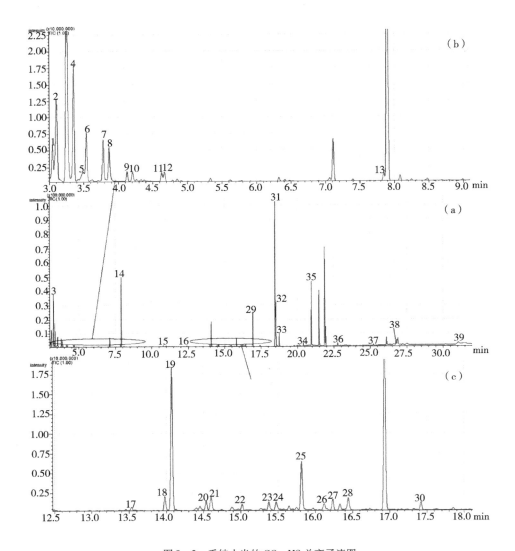

图 8 - 2　禾绅小米的 GC - MS 总离子流图

(a)禾绅小米代谢产物 39 个峰总图　(b)禾绅小米代谢产物峰值在 3.00 ~ 9.00 min 的峰数
(c)禾绅小米代谢产物峰值在 12.50 ~ 18.00 min 的峰数

　　其他数据经 NIST 标准谱库对比分析,确定了代谢产物的结构,分析得出两个不同品种的小米共有代谢产物 53 种,如表 8 - 3 所示,其中古龙贡米代谢产物占 48 种,禾绅小米代谢产物占 32 种。可将代谢产物分为 5 类:有机酸、脂肪酸、糖及其衍生物、氨基酸及其衍生物和中间代谢产物。

表 8-3 2 种小米中的代谢产物表

序号	保留时间(min)	名称	古龙贡米	禾绅小米
1	3.029	乙酰酸	#	#
2	3.088	N-甲基丙酰胺	#	#
3	3.238	乙胺	#	#
4	3.338	正缬氨酸	+	+
5	3.477	巴豆醇	#	#
6	3.523	叔丁醇	#	#
7	3.851	醋酸盐	+	+
8	4.111	2,2-二乙基乙酰胺	+	+
9	4.204	氨基甲酸酯	+	+
10	4.440	丁二醇	+	—
11	4.614	氨基甲酸二乙酯	+	+
12	4.655	乳酸	+	+
13	7.054	氨基甲酸	+	—
14	7.839	硅醇	#	#
15	7.889	甘油	+	+
16	8.073	苯二硫酚	+	—
17	8.470	琥珀酸	+	—
18	9.103	丝氨酸	+	—
19	9.135	β-吲哚乙腈	+	—
20	10.789	苹果酸	+	+
21	10.976	鸟氨酸内酰胺	+	—
22	11.194	天冬氨酸	+	—
23	11.358	4-氨基环己甲酸	+	—
24	12.400	L-谷氨酸	+	+
25	12.553	L-脯氨酸	+	—
26	13.534	木糖醇	+	+
27	13.975	磷酸	+	+
28	14.067	丙酸酯	+	+
29	14.444	D-呋喃果糖	+	+
30	14.591	D-阿洛酮吡喃糖	+	—
31	14.599	柠檬酸	—	+

序号	保留时间(min)	名称	古龙贡米	禾绅小米
32	14.879	D-呋喃葡萄糖苷	+	—
33	15.017	D-呋喃半乳糖	+	+
34	15.370	半乳糖	+	—
35	15.375	D-甘露糖	—	+
36	15.467	D-吡喃半乳糖	+	+
37	15.811	D-山梨醇	+	+
38	16.105	棕榈酸	—	+
39	16.229	D-葡萄糖	+	+
40	16.441	葡萄糖酸	—	+
41	16.927	棕榈酸	+	—
42	17.419	焦性没食子酸	—	+
43	17.413	苯丙胺	+	—
44	18.450	亚油酸	+	+
45	18.499	油酸	+	+
46	18.734	硬脂酸	+	+
47	20.125	花生四烯酸酰胺	+	—
48	20.173	油酸酰胺	+	—
49	20.389	花生酸	+	+
50	20.949	蔗糖	+	+
51	22.748	甘油亚油酸酯	+	+
52	22.936	单硬脂酸甘油酯	+	—
53	25.205	β-D-半乳糖	+	+
54	26.177	菜油甾醇	+	—
55	26.340	葡糖鞘氨醇半乳糖苷	+	—
56	26.574	棕榈酸乙酯	+	—
57	26.755	β-谷甾醇	+	+
58	27.464	油酸丙酯	+	—
59	31.006	2-亚麻酰基-rac-甘油	+	+

#表示衍生化试剂产生;+表示有此类代谢产物;—表示没有此类代谢产物。

在被鉴定的全离子分析物中,乙酰酸、N-甲基丙酰胺、乙胺、巴豆醇、叔丁醇、硅醇以上化合物为衍生化试剂形成,在此不做讨论。

8.2.2　两个品种小米相同代谢产物分析

从图 8 - 3 可以看出,相同代谢产物中古龙贡米含量较高(> 10%)的有亚油酸;相对含量中等(2.5% ~ 10%)的有甘油、丙酸酯、棕榈酸、油酸、正缬氨酸、醋酸盐;相对含量较低(< 2.5%)的有 β - 谷甾醇、甘油亚油酸酯、硬脂酸、2 - 亚麻酰基 - rac - 甘油、磷酸、D - 葡萄糖、花生酸、D - 山梨醇、乳酸、2,2 - 二甲基乙酰胺、氨基甲酸酯、氨基甲酸二乙酯、苹果酸、D - 吡喃半乳糖、α - D - 吡喃半乳糖、D - 呋喃果糖、L - 谷氨酸、木糖醇、蔗糖。

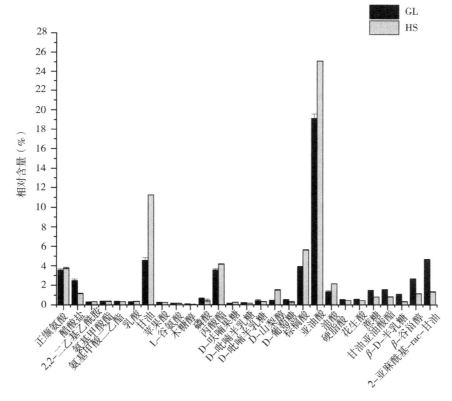

图 8 - 3　2 种小米相同代谢产物的相对含量

禾绅小米中相对含量较高(> 10%)的有甘油、亚油酸;相对含量中等(2.5% ~ 10%)的有油酸、棕榈酸、丙酸酯、正缬氨酸;相对含量较低(< 2.5%)的有硬脂酸、D - 山梨醇、醋酸盐、2 - 亚麻酰基 - rac - 甘油、β - 谷甾醇、甘油亚油酸酯、花生酸、磷酸、氨基甲酸酯、乳酸、氨基甲酸二乙酯、D - 葡萄糖、D - 吡喃半

乳糖、2,2 - 二乙基乙酰胺、β - D - 半乳糖、D - 呋喃果糖、苹果酸、L - 谷氨酸、α - D - 吡喃半乳糖、木糖醇、蔗糖。

其中古龙贡米的优势代谢产物(相对含量 > 15%)为亚油酸,禾绅小米的优势代谢产物(相对含量 > 15%)为亚油酸;古龙贡米中 2 - 亚麻酰基 - rac - 甘油相对含量高于禾绅小米中 2 - 亚麻酰基 - rac - 甘油相对含量;禾绅小米中甘油相对含量高于古龙贡米中甘油相对含量。亚油酸可能经过脂肪水解产生或经乙酰 CoA 和乙酰 CoA 羧化酶的作用合成,其含量高可能是因为栽种地气候和环境因素影响代谢途径中酶的活性等原因。有研究表明,到目前为止已发现共轭亚油酸(Conjugated Linoleic Acid,CLA)有 20 余种,而双键位于碳链 9、11 和 10、12 的同分异构体含量最大、生理活性较强,其中本实验中优势产物亚油酸就属于 CLA 的一种。CLA 能诱导宿主免疫调节来实现对炎症性疾病肥胖、糖尿病、呼吸道炎症、肠炎等均有较好治疗的效果,CLA 能改善肥胖糖尿病小鼠的糖脂代谢。2 - 亚麻酰基 - rac - 甘油和甘油的相对含量在两种小米中相对含量不同可能因为机体内的代谢速率不同,可见古龙贡米的代谢速率快于禾绅小米,可以推测古龙贡米的代谢产物多是因为其代谢速率快于禾绅小米。2 - 亚麻酰基 - rac - 甘油为不饱和脂肪酸,是人大麻素 1 型受体的部分激动剂,可通过甘油三亚油酸酯合成或通过亚麻酰氯合成,能调节其他内源性大麻素(包括花生四烯酸甘油酯)的活性,花生四烯酸甘油酯能降低促炎因子白介素和肿瘤坏死因子 - α,因此推测 2 - 亚麻酰基 - rac - 甘油可以作为潜在的免疫调节剂,参与神经炎性反应。

8.2.3　古龙贡米的差异代谢产物分析

8.2.3.1　差异代谢产物的种类与含量分析

根据对比古龙贡米和禾绅小米二者代谢差异物可知,古龙贡米差异代谢产物有 21 种,分别为丁二醇、氨基甲酸、苯二硫酚、琥珀酸、丝氨酸、β - 吲哚乙腈、鸟氨酸内酰胺、天冬氨酸、4 - 氨基环己甲酸、L - 脯氨酸、D - 阿洛酮吡喃糖、D - 呋喃葡萄糖苷、半乳糖、苯丙胺、花生四烯酸酰胺、油酸酰胺、单硬脂酸甘油酯、菜油甾醇、葡糖鞘氨醇半乳糖苷、棕榈酸乙酯、油酸丙酯,如表 8 - 4 所示,分别属于氨基酸、糖类、植物甾醇、脂肪酸及其他中间代谢产物。

相对含量如图 8 - 4 所示,其中,棕榈酸乙酯、油酸丙酯两物质相对含量较高,其他产物的相对含量均小于 1%。

表 8 - 4　古龙贡米差异代谢产物

序号	保留时间(min)	名称
1	4.440	丁二醇
2	7.054	氨基甲酸
3	8.073	苯二硫酚
4	8.470	琥珀酸
5	9.103	丝氨酸
6	9.135	β - 吲哚乙腈
7	10.976	鸟氨酸内酰胺
8	11.194	天冬氨酸
9	11.358	4 - 氨基环己甲酸
10	12.553	L - 脯氨酸
11	14.591	D - 阿洛酮吡喃糖
12	14.879	D - 呋喃葡萄糖苷
13	15.370	半乳糖
14	17.413	苯丙胺
15	20.125	花生四烯酸酰胺
16	20.173	油酸酰胺
17	22.936	单硬脂酸甘油酯
18	26.177	菜油甾醇
19	26.340	葡糖鞘氨醇半乳糖苷
20	26.574	棕榈酸乙酯
21	27.464	油酸丙酯

8.2.3.2　差异代谢产物的代谢途径和代谢机制的初步探讨

差异代谢产物主要参与了氨基酸代谢、糖代谢、三羧酸循环、植物甾醇代谢、脂肪酸代谢。

(1)氨基酸代谢途径分析。

丝氨酸可通过丝氨酸消旋酶与 D - 丝氨酸相互转化,丝氨酸消旋酶的直系同源基因为 SRR;可通过甘氨酸羟甲基转移酶和丙氨酸—乙醛酸转氨酶与甘氨酸和羟基丙酮酸相互转化,两种酶的直系同源基因为古龙贡米 yA、SHMT、AGXT;可由右磷丝氨酸通过磷酸丝氨酸磷酸化酶代谢而成,磷酸丝氨酸磷酸化酶的直系同源基因为 serB、PSPH;也可由色氨酸合酶 α 链代谢成色氨酸,色氨酸合酶 α 链的直系同源基因为 trpA。天冬氨酸可与 L - 天冬酰胺通过天冬酰胺合成酶相

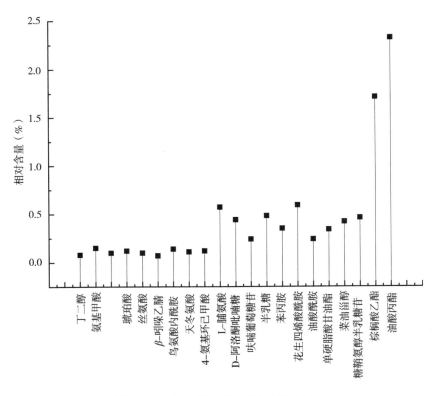

图 8-4　古龙贡米差异代谢产物的相对含量

互转化,天冬酰胺合成酶的直系同源基因为 asnB、ASNS;可与 *N*-氨基甲酰基-L-天冬氨酸盐通过天冬氨酸氨基甲酰转移酶相互转化,天冬氨酸氨基甲酰转移酶的直系同源基因为 CAD;可通过精氨琥珀酸合酶代谢成 L-精氨酸琥珀酸,精氨琥珀酸合酶的直系同源基因为 argG、ASS1;可通过腺苷琥珀酸合酶代谢成腺苷琥珀酸酯,腺苷琥珀酸合酶的直系同源基因为 purA,ADSS;也可通过高丝氨酸脱氢酶 1 代谢成 L-4-天冬氨酰磷酸,高丝氨酸脱氢酶 1 的直系同源基因为 lysC。L-脯氨酸可通过脯氨酰 4-羟化酶与羟脯氨酸相互转化,脯氨酰 4-羟化酶的直系同源基因为 P4HA;可通过吡咯啉-5-羧酸还原酶和脯氨酸脱氢酶与 1-吡咯啉-5-羧酸盐相互转化,两种酶的直系同源基因为 proC、PRODH、faDM、putB;也可由肽通过脯氨酸亚肽酶代谢而成,脯氨酸亚肽酶的直系同源基因为 pip。

(2)糖代谢途径分析。

D-阿洛酮糖作为 D-果糖的差向异构体,可通过微生物来源的酮糖 3-差向异构酶催化 D-果糖 C-3 差向异构化获得。葡萄糖苷参与了苯并嗪生物合成,由磷酸吲哚甘油通过吲哚 –3 – 甘油磷酸裂解酶代谢而成。半乳聚糖可通过 β – 半乳糖苷酶代谢出 D – 半乳糖,或者由乳糖通过 β – 半乳糖苷酶代谢出 D – 半乳糖, β – 半乳糖苷酶的直系同源基因为 lacZ。在葡糖基鞘氨醇半乳糖苷中,葡糖基鞘氨醇则是通过鞘脂类代谢过程中的碎片形成的,在代谢途径中,多条通路可以代谢出鞘氨醇,而葡糖基则可以通过乳糖神经酰胺直接代谢而成,或鞘氨醇间接代谢而成,可能与半乳糖苷链接而成。

（3）植物甾醇代谢。

菜油甾醇由亚甲基胆固醇通过固醇还原酶代谢而成,菜油甾醇和谷甾醇参与了类固醇生物合成,菜油甾醇通过类固醇 22 – α – 羟化酶代谢出 22 – α – 羟基樟脑醇。还有含量较少的物质 β – 吲哚乙腈参与到吲哚衍生,经查文献可知吲哚乙腈为植物生长素,葡糖胺、3 – 吲哚乙醛肟可通过酶的作用代谢成吲哚乙腈,葡糖胺、3 – 吲哚乙醛肟代谢成吲哚乙腈的反应式如图 8 – 5、图 8 – 6 所示,吲哚乙腈则可通过酶的作用代谢成吲哚 – 3 – 乙酰胺和吲哚乙酸,而且色氨酸也可通过吲哚乙腈转变为吲哚乙酸。

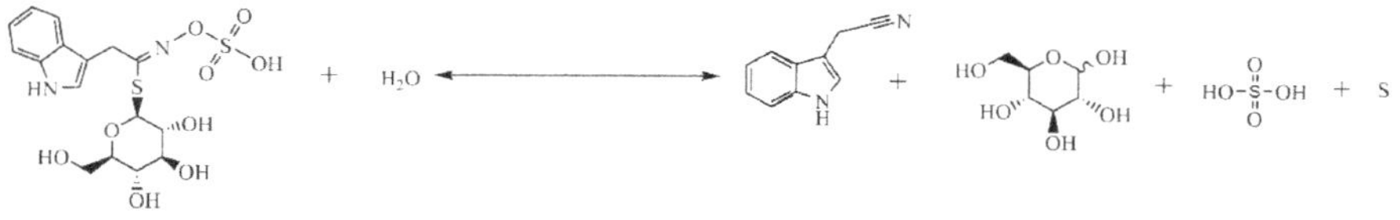

葡糖胺　　　　　　　　吲哚乙腈　　D–葡萄糖　　硫酸盐

图 8 – 5　葡糖胺代谢成吲哚乙腈

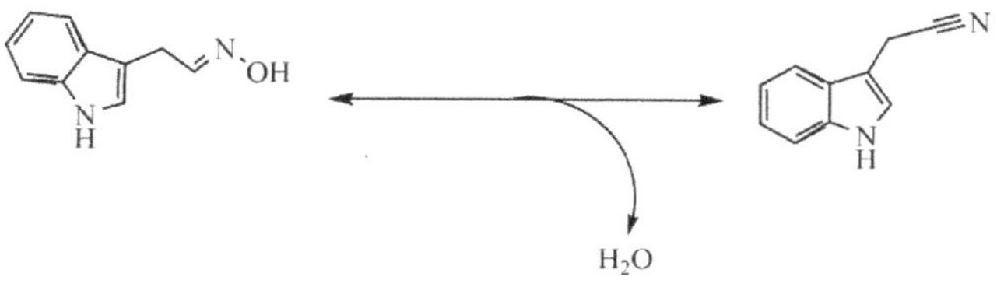

吲哚–3–乙醛肟　　　　　　　　　　吲哚乙腈

图 8 – 6　吲哚 – 3 – 乙醛肟代谢成吲哚乙腈

丁二醇可由木糖在微生物的作用下转化形成,丁二醇也可能是在丙酮酸代谢途径中由丙酮酸脱羧脱氢形成乙醇而后形成丁二醇,或者是 1 – （3 – 吡啶基）– 1,4 – 丁二醇断键而成。推测鸟氨酸内酰胺可由精氨酸在精氨酸酶的催化作用下生成鸟氨酸再酰基化形成鸟氨酸酰胺。推测花生四烯酸酰胺、油酸酰胺、单硬脂酸甘油酯、棕榈酸乙酯、油酸丙酯等由脂肪的水解而成或者是乙酰 CoA 经一系列缩合过程中的中间产物。而4-氨基环己甲酸、苯二硫酚、苯丙胺代谢途径未知,其中苯二硫酚是一种重要的医药中间体,可用于抗心绞痛、抗冠心病,也可治疗眼睛红肿、疼痛等;而苯丙胺属于精神兴奋剂的一类,也可用来治疗帕金森综合征和嗜睡症等。

8.2.4　禾绅小米的差异代谢产物分析

8.2.4.1　差异代谢产物的种类与含量分析

根据对比古龙贡米和禾绅小米二者代谢差异物可知,禾绅小米差异性代谢产物有5种,如表8-5所示,分别是柠檬酸、D-甘露糖、棕榈酸、葡萄糖酸、焦性没食子酸,主要为有机酸、糖类、脂肪酸、中间产物。

表8-5　禾绅小米差异代谢产物

序号	保留时间(min)	名称
1	14.599	柠檬酸
2	13.537	D-甘露糖
3	16.105	棕榈酸
4	16.441	葡萄糖酸
5	17.149	焦性没食子酸

相对含量如图8-7所示,禾绅小米的差异代谢产物柠檬酸、D-甘露糖、棕榈酸、D-葡萄糖酸、焦性没食子酸含量都比较低,均低于1%。

8.2.4.2　差异代谢产物的代谢途径和代谢机制的初步探讨

差异代谢产物主要参与了脂肪酸代谢、糖代谢、三羧酸循环。

(1)脂肪酸代谢途径分析。

棕榈酸可经脂肪水解或由乙酰CoA经一系列生物合成而来,主要是由十六烯酰基-[酰基载体蛋白]通过脂肪酰基ACP硫酯酶A代谢形成的,脂肪酰基ACP硫酯酶A的直系同源基因为FATA;也可由棕榈酰蛋白硫酯酶通过棕榈酰辅酶代谢形成,棕榈酰辅酶的直系同源基因为PPT。

(2)糖代谢途径分析。

D-甘露糖可由D-葡萄糖差向异构化形成,可与D-果糖相互转化,也可由D-半乳糖代谢而来。古洛糖通过GDP-D-甘露糖3′,5′-异构酶与D-甘露糖相互转化,也可由D-阿拉伯糖通过碳链增长或经葡糖-6-磷酸转化等途径合成。葡萄糖酸可经葡萄糖和UTP反应形成尿苷二磷酸葡糖(UDPG),接着被

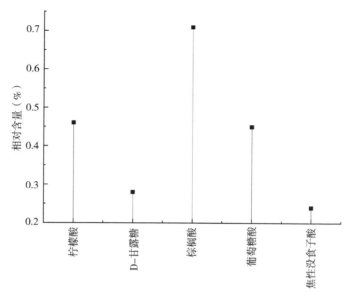

图 8 – 7　禾绅小米差异代谢产物的相对含量

氧化成 UDP – 葡糖醛酸然后水解生成,葡萄糖酸也可通过葡萄糖激酶代谢成 D – 核糖 – 5 – 磷酸。柠檬酸由乙酰 CoA 在柠檬酸合酶催化作用下与草酰乙酸缩合形成。

　　没食子酸是一种广泛存在的酚类化合物,在天然存在的多酚中,它是最简单的多酚,以许多形式存在于绿色植物的组织中,尤其是在茶叶中,都是以游离的形式存在或作为聚合物的一部分如单宁、鞣花单宁、茶黄素 – 3 – 没食子酸酯、表没食子儿茶素 – 3 – 没食子酸酯(EGCG)等存在。焦性没食子酸可由没食子酸脱羧而成,在数据库中未找到焦性没食子酸的代谢途径,推测在实验过程中可能因为加热由没食子酸断键脱羧而成,焦性没食子酸也多应用于农药、合成医药、化妆品、显影剂、热敏剂、高分子材料的助剂以及化学分析试剂等方面。

8.3　小结

　　通过实验探究黑龙江省肇源县同一产地不同品种小米(古龙贡米、禾绅小米)的代谢产物,共检测出 53 种代谢产物,其中古龙贡米代谢产物占 48 种,禾绅小米代谢产物占 32 种。在二者相同的 27 种代谢产物中,古龙贡米的优势代谢产物（＞15％）为亚油酸，禾绅小米的优势代谢产物（＞15％）为亚油酸。

由于小米品种不同，基因也就不完全相同，所得到的代谢产物也存在一定的差异性。古龙贡米相对于禾绅小米的代谢差异物有 21 种，其中含多种必需氨基酸、不饱和脂肪酸及其他活性代谢产物，禾绅小米相对于古龙贡米的差异代谢产物只有 5 种，在分析两种样品的差异代谢产物的代谢途径时，古龙贡米的差异代谢产物主要参与了氨基酸代谢、糖代谢、三羧酸循环、植物甾醇代谢、脂肪酸代谢；而禾绅小米的差异代谢产物主要参与了脂肪酸代谢、糖代谢、三羧酸循环。在古龙贡米代谢产物中发现了苯二硫酚、苯丙胺；在禾绅小米代谢产物中发现了焦性没食子酸。由此可见，古龙贡米的代谢过程相比禾绅小米的代谢过程更为复杂，古龙贡米的葡萄糖代谢途径、脂肪酸代谢途径、氨基酸代谢途径和三羧酸循环都比禾绅小米对应的代谢途径更活跃，推测古龙贡米的代谢产物多是因为其代谢速率快于禾绅小米的代谢速率。这项研究为充分利用小米中生理功能活性成分提供数据支撑，也为小米优选优良种质资源品质分析、分品种开发功能食品或保健品提供理论基础和依据。

参考文献

[1] 王博，姚轶俊，李枝芳，等. 超微粉碎对 4 种杂粮粉理化性质及功能特性的影响[J]. 食品科学，2020，41（19）：111 - 117. DOI:10. 7506/spkx1002 - 6630 - 20190912 - 150.

[2] 徐玖亮，温馨，刁现民，等. 我国主要谷类杂粮的营养价值及保健功能[J]. 粮食与饲料工业，2021，1（1）：27 - 35. DOI:10. 7633/j. issn. 1003 - 6202. 2021. 01. 008.

[3] 向月，曹亚楠，赵钢，等. 杂粮营养功能与安全研究进展[J]. 食品工业科技，2020，42（14）:32 - 370. DOI:10. 13386/j. issn1002 - 0306. 2020060341.

[4] LIU X, LAI H, MI B B, et al. Associations of coarse grain intake with undiagnosed hypertension among Chinese adults: results from the China Kadoorie Biobank[J]. Nutrients, 2020, 12(12):3814. DOI:10. 3390/NU12123814.

[5] 高婧，梁志宏. 小米功能成分及新产品研发进展[J]. 中国粮油学报，2021，36（3）：169 - 177.

[6] 李暮男，兰凤英. 小米的营养成分及保健功能研究进展[J]. 河北北方学院学报，2017，33（7）：56 - 60.

［7］ZHANG L Y, YU Y B, WANG C Y, et al. Isolation and Identification of Metabolites in Chinese Northeast potato (*Solanum tuberosum* L.) tubers using gas chromatography – mass spectrometry［J］. Food Analytical Methods, 2019, 12: 51 – 58. DOI:10. 1007/s12161 – 018 – 1336 – 5.

［8］ZHANG L Y, YU Y B, YU R Zh. Analysis of metabolites and metabolic pathways in three maize (*Zea mays* L.) varieties from the same origin using GC – MS［J］. Scientific Reports, 2020 10: 17990. DOI:10. 1038/s41598 – 020 – 73041 – z.

［9］FENG Y C, WANG C Y, LI X, et al. Analysis of GC – MS metabolites of rice from different origins in Heilongjiang province［J］. Food Science. 2019, 40(2): 208 – 214.

［10］TANG H R, WANG Y L. Metabonomics: a revolution in progress［J］. Prog BiochemBiophys. 2006, 33(5): 401 – 417.

［11］纪勇, 郭盛磊, 杨玉焕. 代谢组学方法研究进展［J］. 安徽农业科学, 2015, 43(25): 21 – 23. DOI:10. 3969/j. issn. 0517 – 6611. 2015. 25. 007.

［12］FENG YUCHAO, FU TIANXIN, ZHANG LIGUAN, et al. Research on differential metabolites in distinction of rice (*Oryzasativa* L.) origin based on GC – MS［J］. Journal of chemistry, 2019, 2019(1): 1 – 7. DOI:10. 1155/ 2019/1614504.

［13］张丽媛, 于英博, 赵子莹, 等. 不同品种绿豆中代谢产物的分离鉴定及代谢机制分析［J］. 食品科学.

［14］ONAKPOYA I J, POSADZKI P P, WATSON L K, et al. The efficacy of long – term conjugated linoleic acid (CLA) supplementation on body composition in overweight and obese individuals: a systematic review and meta – analysis of randomized clinical trials［J］. European Journal of Nutrition, 2012, 51(2): 127 – 134.

［15］JOSEPH S V, MILLER J R, MCLEOD R S, et al. Effect of*trans*8, *cis*10 + *cis*9, *trans*11 conjugated linoleic acid mixture on lipid metabolism in 3T3 – L1 cells［J］, 2009, 44(7): 613 – 620.

［16］金磊, 王立志. 共轭亚油酸的抗炎机制和对炎症疾病调节研究进展［J］. 农业科学研究, 2018, 39(4): 58 – 63.

［17］夏珺, 郑明月, 李灵杰, 等. 共轭亚油酸改善肥胖糖尿病小鼠的糖脂代谢［J］. 南方医科大学学报, 2019, 39(6): 740 – 746.

[18] LEANNE L, GARETH W, PATRICK D. 2 - Linoleoylglycerol is a partial agonist of the human cannabinoid type 1 receptor that can suppress 2 - arachidonolyglycerol and anandamide activity[J]. Cannabis and Cannabinoid Research, 2019, 4(4): 231 - 239. DOI:10.1089/can.2019.0030.

[19] 刘瑜, 刘泽慧, 谢姝, 等. 花生四烯酸甘油酯水平对孤独症模型鼠海马神经炎性反应的影响[J]. 中国儿童保健杂志, 网络首发。

[20] 沈雪梅, 王靖, 张媛, 等. D - 阿洛酮糖的功能及其生物合成研究进展[J]. 生物工程学报, 2018, 34(9): 1419 - 1431. DOI:10.13345/j.cjb.170526.

[21] MOREAU R A, NYSTRÖM L, WHITAKER B D, et al. Phytosterols and their derivatives: structural diversity, distribution, metabolism, analysis, and health - promoting uses[J]. Progress in Lipid Research, 2018, 70: 35 - 61. DOI: 10.1016/j.plipres.2018.04.001.

[22] HOSSAIN A, JAYADEEP A. Analysis of bioaccessibility of campesterol, stigmasterol, and β - sitosterol in maize by in vitro digestion method[J]. Journal of Cereal Science, 2020, 93: 102957. DOI:10.1016/j.jcs.2020.102957.

[23] QIAN Y D, TAN S Y, DONG G R, et al. Increased campesterol synthesis by improving lipid content in engineered Yarrowia lipolytica [J]. Applied Microbiology and Biotechnology, 2020, 104: 7165 - 7175. DOI:10.1007/s00253 - 020 - 10743 - 4.

[24] 谢勇平, 郑新宇, 林丹丽, 等. 高效液相色谱法同时分离测定包菜中 4 种植物生长素[J]. 新疆农业大学学报, 2010, 33(5): 41 - 43. DOI:1007 - 8614(2010)05 - 0409 - 03.

[25] 张翠英, 肖冬光, 韩宁宁, 等. 木糖发酵高产 2,3 - 丁二醇菌株的选育[J]. 食品研究与开发, 2011, 32(9): 176 - 178.

[26] 毛伟春, 童国通. 1,2 - 苯二硫酚的合成工艺改进[J]. 精细化工中间体, 2010, 40(6): 43 - 44; 55.

[27] 曲一泓. 甲基苯丙胺对大鼠心室肌细胞凋亡及钙离子通道蛋白表达的影响[D]. 城市: 南方医科大学, 2014.

[28] SWALWELL C I, DAVIS G G. Methamphetamine as a risk factor for acute aortic dissection[J]. Journal of Forensic Sciences, 1999, 44(1): 23 - 26.

[29] JAYAMANI J, SHANMUGAM G. Gallic acid, one of the components in many plant tissues, is a potential inhibitor for insulin amyloid fibril formation[J].

European Journal of Medicinal Chemistry，2014，85：352 –358.

[30]李文君，王成章. 微生物降解没食子酸生产焦性没食子酸的研究进展[J].
　　中国实验方剂学杂志，2015，21（3）：226 – 231. DOI：10. 13422/j. cnki.
　　syfjx. 2015030226.

第9章　基于 GC – MS 联用技术分离鉴定燕麦中的代谢产物

　　燕麦,学名为 *Avena sativa* L,禾本科,燕麦属作物,主要分为带稃型和裸粒型两大类,具有营养价值、饲用价值、药用价值和食用价值。随着人民生活水平的不断提高,人们的膳食结构发生了较为明显的变化,裸燕麦越来越被人们青睐,市场需求不断增加。

　　目前有关燕麦的研究主要集中在燕麦 β – 葡聚糖、蛋白质、油脂等方面,例如,北京工商大学董银卯等研究了燕麦营养成分的分布与组成,并确定了适合深度开发的燕麦品种。他们所研发出的如何提取燕麦 β – 葡聚糖的方法,可以广泛应用于食品、化妆品等领域。另外,董银卯教授带领的科研团队还研究了应用燕麦麸皮蛋白制备降压肽的方法,该方法可广泛用于具有降压功能的保健食品等领域。再如,吉林省白城市农业科学院主要研究燕麦育种、遗传、加工等方面;中国农业大学燕麦课题组主要研究燕麦产品的深加工,饲草型燕麦和休眠型燕麦的开发;西北农林科技大学燕麦创新团队主要研究燕麦食品的加工、功能成分和营养方面。

　　植物代谢组学作为系统生物学的一个组成部分,在基础生物学、作物育种和生物技术上都有广泛应用。植物代谢组学研究可以通过对不同基因型、生态型植物代谢组的比较,研究基因的改变和环境的改变对植物代谢的影响;另外,通过代谢物指纹图谱的比较,可以进行代谢表型的分类。Roesnner 等利用了代谢组分析技术对转基因植物进行研究,利用 GS – MS 分析技术对马铃薯块茎中 150 种化合物进行了定量和定质分析,确定了过度表达葡萄糖激酶和葡萄糖磷酸酶基因的转基因植株的生物化学表现型。

　　植物代谢组学研究中具有代表性的是 Taylor 等利用 GS – MS 技术对不同基因型的拟南芥中 433 种代谢产物进行分析,结合化学计量学的方法进行分类,确定了 4 种在分类中起较重要作用的物质:苹果酸、柠檬酸、葡萄糖及果糖。Madala等利用超高压液相色谱 – 质谱联用技术结合主成分分析和正交校正的偏最小二乘辨别分析研究发现,拟南芥中的 2 – 异亚硝基苯乙酮(isonitrosoacetophenone,INAP)可被酶代谢产生苯甲酸衍生物、苯丙素和硫代葡萄糖苷, INAP 的代谢状态限制了拟南芥中细菌的生长,表明了诱导的代谢变化有助于抗御相关反应和形成抗微生物环境。Chang 等在评估转基因水稻基因修饰安全性实验中,利用高分离度快速液相色谱与四极杆－飞行时间质谱联用技术比较转基因型和野生型水稻的代谢表型,发现环境因素对代谢物的影响大于基因修饰。Gong 等分析水稻中 900 种代谢物,得到超过 2800 个甲基化定量特征位点(methylation quantitative trait loci,mQTLs),经数据挖掘将 24 个候选基因与 mQTLs 相关联,有助于化解基因型和表型之间的差距。

核磁共振(nuclear magnetic resonance,NMR)作为代谢物定性、定量检测的重要手段,有样品前处理简便,不破坏分子结构,无偏向性,检测准确、快速、分辨率高等优点。在代谢组学发展早期,NMR 被广泛应用于毒性代谢及药用植物的次级代谢研究中。1H－NMR 对含氢化合物均有响应,图谱中信号的相对强弱反映了各组的相对含量,能满足代谢组学中尽可能多的化合物的检测。在食醋样品中加入含磷酸三钠(tribasic sodium phosphate,TSP)的 D2O 后,经 NMR 技术检测,发现山西陈醋、镇江香醋、白醋的化学成分有明显不同。通过 NMR 联用高效液相和紫外分光光度法比较不同成熟阶段中连翘果实代谢物的差异,鉴定出 27 种代谢物,得出未成熟果实的抗氧化性高于成熟果实的结论。另外,利用 NMR 和气相色谱－质谱联用技术(gas chromatography－mass spectrometer,GC－MS),研究日本一种发酵腌菜 sunki,鉴定出了 54 种水溶性化合物和 62 种挥发性化合物,不同生产年限及工厂产出的样品成分不同,这种差异也可能与 sunki 发酵过程中乳酸菌群落和萝卜叶初始营养成分不同有关。GC－MS 常用于植物和微生物代谢指纹分析,如鉴定野生型和转基因植物等。GC－MS 具有较高的分辨率和灵敏度,相对经济,且有可供参考的标准谱图库,可用于代谢物定性分析。但对于难挥发或挥发性小的成分或分子量较大的代谢物,GC－MS 很难直接从体系内获得代谢物的信息,且前处理烦琐。基于 GC－MS 的大麦代谢物分析研究中,通过萃取、分馏获得低分子量大麦成分,通过 GC 可检测出 587 个不同峰,其中经过 MS 鉴定出了 173 个,经多变量数据分析表明极性代谢物是大麦代谢随时间变化的主要贡献者。Shu 等通过 GC－MS 探索水稻发芽过程中的时间依赖性代谢变化,发现糙米萌发代谢物经 GC 检测到 615 个不同峰,其中可通过 MS 鉴定出 174 个,通过主成分分析和相对应载量的分析表明,发芽过程中代谢物随时间变化情况与所研究的其他 3 种水稻相似,极性代谢物是第一主成分分离的主要原因。采用 GC－MS 分析不同发育阶段款冬花蕾的代谢组学特征,将不同发育阶段的样品进行两相溶剂提取,共鉴定出 35 个极性化合物和 19 个非极性化合物，主成分分析（principal component analysis，PCA）结果显示出有 5 个发育阶段的样品可明显分开，且呈现动态变化趋势。

因此，可以说代谢组学是在基因组学、转录组学、蛋白质组学之后系统生物学的主要研究平台，并逐渐成为研究热点。近几年来，许多学者对现代代谢组学技术在人体和动物的整体代谢与功能性研究中做出巨大贡献。随着现代分析技术的快速发展以及数据处理软件的不断完善，代谢组学的发展将会更迅速，应用范围更广泛。临床疾病诊断、植物学、药物毒性评价和营养科学将从代谢指纹图谱研究中大大受益。此外，代谢组学技术还可用于微生物和植物表型的快速鉴定，并可以指导开发具有重要应用价值的新型代谢物。另外，若将代谢组学与人群流行病学研究相结合，代谢组学研究疾病全过程也将从系统生物学角度进一步推动阐明疾病机制，造福于人类。

代谢组学被广泛地应用在核磁共振、色谱质谱和毛细管电泳质谱等技术的样品分析方法方面，例如，代谢组学中使用最多的分析技术是将色谱法与质谱法相结合。相对经济的 GC – MS 技术可用于代谢产物的定性分析，具有高灵敏度和分辨率，且有标准谱图库可供参考。在基于 GC – MS 技术的大麦代谢产物分析研究中，通过提取、分馏等方法获得了低分子量大麦成分，通过 GC 技术发现了587 个不同峰，通过 MS 技术确定出了 173 个不同峰。Shu 等研究了水稻在发芽过程中随时间变化的代谢变化，并利用 GC – MS 技术，通过 GC 检测到了 615 个不同峰的糙米萌发代谢产物，其中有 174 个可通过 MS 鉴定出。另外，GC – MS还用于分析不同发育阶段的款冬花蕾的代谢特征，并在不同发育阶段以两相溶剂提取的形式获得了样品，共有 35 种极性化合物和 19 种非极性化合物。

本实验主要研究两种来自不同地区的燕麦，通过代谢组学技术，采用气相色谱—质谱联用技术对两种燕麦代谢产物进行差异分析，比较两种不同来源的燕麦代谢产物，得出不同地区同一品种的燕麦代谢产物及含量分析，并总结所得到的代谢产物数据结果，研究其数据，并为之后如何储藏、进行品种改良、深加工及其代谢产物的实际应用作为参考，另外，还可为燕麦的产地溯源与区分提供理论基础。

9.1　试验内容

9.1.1　试验材料

燕麦样品是从不同地区的农贸市场采集的，包括黑龙江齐齐哈尔裸燕麦、河北张家口裸燕麦两种。

9.1.2　试验试剂(表9-1)

表9-1　试验材料、试剂

序号	试剂	产地
1	2-氯-L-苯丙氨酸	上海麦克林生化科技有限公司,中国
2	色谱级吡啶(≥99.9%)	上海阿拉丁生化科技股份有限公司,中国
3	N,O-双(三甲基硅基)三氟乙酰胺(BSTFA)	上海麦克林生化科技有限公司,中国
4	色谱级甲醇	Thermo Fisher Scientific, USA

9.1.3　仪器与设备(表9-2)

表9-2　仪器设备

序号	仪器	产地
1	三重四极杆型 GC - MS - TQ8040 配备的 EI 离子源	岛津技术有限公司,日本
2	自动进样器 AOC - 5000	岛津技术有限公司,日本
3	色谱柱 Rxi - 5Sil MS	岛津技术有限公司,日本
4	CR3i multifunction 型离心机	Thermo Fisher Scientific,USA
5	DGG -9140A 型电热恒温鼓风干燥箱	上海森信实验仪器有限公司
6	DRP -9082 型电热恒温培养箱	上海森信实验仪器有限公司
7	氮吹浓缩装置 MTN -2800D	天津奥特塞恩斯仪器有限公司
8	移液枪(1000 μL、200 μL)	Thermo Fisher Scientific,USA

9.1.4　试验操作步骤

9.1.4.1　样本预处理

分别将样品用研磨机研磨,待样品研磨均匀之后,再用100目的筛子进行研磨过筛处理,按四分法进一步分别取样后,分别称取50 mg 粉末于2 mL 的 EP 管中,加入800 μL 甲醇和10 μL 内标(2-氯苯丙氨酸),快速混匀1 min,随后置于4℃离心机中,12000 r/min 离心15 min,吸取200 μL 上清液,转入进样小瓶中氮气吹干。

9.1.4.2　衍生化处理

取30 μL 甲氧铵盐酸吡啶溶液直接加入浓缩后的样品(即吹干后的小瓶)

中,快速混匀完全溶解,置于 37℃ 恒温箱 90 min,取出后加入 30 μL 的三氟乙酰胺(BSTFA)置 70℃ 烘箱 1 h。

9.1.4.3 GC – MS 分析

GC 参数为柱温 80℃,进样口温度 240℃,进样模式为分流,流量控制模式为恒定线速度,载气为氦气,柱流量为 1.20 mL/min,线速度为 40.4 cm/sec,分流率为 15,程序升温:0~2 min,80℃;10℃/min 升到 320℃,保持 6 min,运行时长 32 min;MS 参数为离子源温度 230℃,接口温度 300℃,溶剂切割时间 2 min,采集模式 Q3 Scan,扫描范围为 45~550 m/z。

9.2 结果与讨论

9.2.1 GC – MS 的代谢产物的分离与鉴定

两种不同地区裸燕麦(河北张家口、黑龙江齐齐哈尔)的 GC – MS 总离子流图如图 9 – 1(a)、图 9 – 2(b)所示,结果表明,样品中各组分分离良好,基线稳定。两个不同地区燕麦的总离子流图大致相似,但是在 25.0~27.0 min 时间段存在不同。

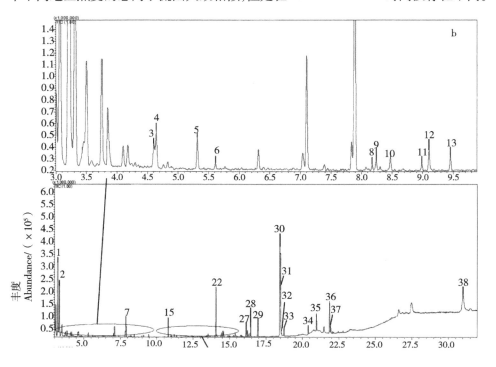

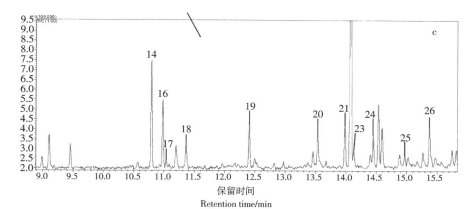

图 9 - 1　河北张家口燕麦总离子图谱

（a）河北张家口燕麦完整的总离子图,0.00～32.00 min　（b）河北张家口燕麦在 3.0～10.0 min 范围的离子流分析　（c）河北张家口燕麦在 10.0～16.0 min 范围的离子流分析

1:氨基戊酸;2:异丁酸;3:L - 缬氨酸;4:DL - 乳酸;5:L - 丙氨酸;6:甘氨酸;7:甘油;8:异亮氨酸;9:L - 脯氨酸;10:琥珀酸;11:富马酸;12:L - 丝氨酸;13:L - 苏氨酸;14:苹果酸;15:L - 苏糖醇;16:3 - 氨基 - 2 - 哌啶酮;17:L - 天冬氨酸;18:顺 - 4 - 氨基环己烷羧酸;19:左旋 - 谷氨酸;20:木糖醇;21:磷酸;22:丙酸;23:左旋 - 谷酰胺;24:β - D - 呋喃果糖;25:肉豆蔻酸;26:D - 葡萄糖;27:肌醇;28:D - 葡萄糖酸;29:棕榈酸;30:亚油酸;31:油酸;32:反油酸;33:硬脂酸;34:花生酸;35:蔗糖;36:甘露二糖;37:纤维二糖;38:2 - 亚油酰甘油

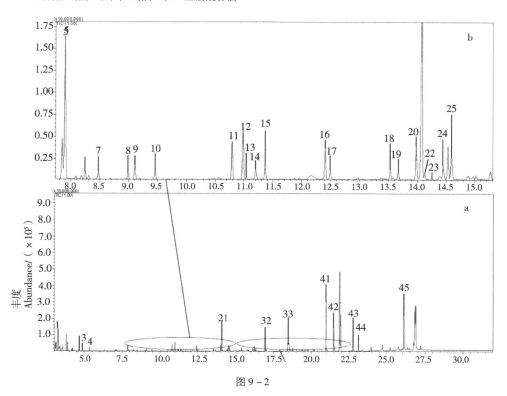

图 9 - 2

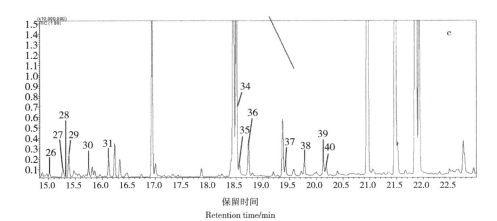

图 9 - 2　黑龙江齐齐哈尔燕麦总离子图谱

（a）黑龙江齐齐哈尔燕麦完整的总离子流图,0.00～32.00 min　（b）黑龙江齐齐哈尔燕麦在 7.0～15.0 min 范围的离子流分析　（c）黑龙江齐齐哈尔燕麦在 15.0～22.0 min 范围的离子流分析　1:氨基戊酸;2:L-缬氨酸;3:DL-乳酸;4:L-丙氨酸;5:甘油;6:L-脯氨酸;7:琥珀酸;8:富马酸;9:L-丝氨酸;10:L-苏氨酸;11:苹果酸;12:L-苏糖醇;13:3-氨基-2-哌啶酮;14:L-天冬氨酸;15:顺-4-氨基环己烷羧酸;16:左旋-谷氨酸;17:羊毛硫氨酸;18:木糖醇;19:十八烯酸单甘油酯;20:磷酸;21:丙酸;22:左旋-谷酰胺;23:萘普生;24:β-D-呋喃果糖;25:D-呋喃果糖;26:D-松醇;27:半乳糖酸;28:吡喃半乳糖;29:L-塔罗糖;30:D-葡萄糖醇;31:β-D-呋喃半乳糖;32:棕榈酸;33:亚油酸;34:反油酸;35:油酸;36:硬脂酸;37:9-十六碳烯酸;38:D-葡萄糖醛酸;39:17-十八炔酸;40:13 烯乌苏酸;41:蔗糖;42:1-单棕榈酸甘油;43:单硬脂酸甘油酯;44:β-乳糖;45:谷甾醇

通过与 National Institute of Standards and Technology(NIST)标准谱库进行对比分析,共分离检测出了 56 种燕麦代谢产物,如表 9-3 所示,其中河北张家口燕麦代谢产物占 38 种,黑龙江齐齐哈尔燕麦代谢产物占 45 种。将其分为五类,即有机酸、脂肪酸、糖及其衍生物、氨基酸和中间产物。

有机酸包括 D-葡萄糖酸、苹果酸、氨基戊酸、异丁酸、丙酸、富马酸、琥珀酸、DL-乳酸;脂肪酸有棕榈酸、油酸、反油酸、亚油酸、硬脂酸、9-十六碳烯酸、17-十八炔酸、13-烯乌苏酸、花生酸、肉豆蔻酸;糖及其衍生物包括木糖醇、β-D-呋喃果糖、D-呋喃果糖、D-葡萄糖、吡喃半乳糖、L-塔罗糖、D-葡萄糖醇、β-D-呋喃半乳糖、蔗糖、甘露二糖、纤维二糖、β-乳糖、L-苏糖醇、谷甾醇;氨基酸包括 L-缬氨酸、甘氨酸、L-脯氨酸、L-丝氨酸、L-异亮氨酸、L-丙氨酸、L-苏氨酸、左旋-谷氨酸、L-天冬氨酸;中间产物包括磷酸、甘油、3-氨基-2-哌啶酮、顺-4-氨基环己烷羧酸、羊毛硫氨酸、十八烯酸单甘油酯、左旋-谷酰胺、萘普生、D-松醇、肌醇、1-单棕榈酸甘油、D-葡萄糖醛酸、单硬脂酸甘油酯、半乳糖酸和 2-亚油酰甘油。

表 9 - 3　燕麦代谢产物列表

中文名称	河北张家口燕麦	黑龙江齐齐哈尔燕麦
氨基戊酸	+	+
异丁酸	+	—
L - 缬氨酸	+	+
DL - 乳酸	+	+
L - 丙氨酸	+	+
甘氨酸	+	—
甘油	+	+
异亮氨酸	+	—
L - 脯氨酸	+	+
琥珀酸	+	+
富马酸	+	+
L - 丝氨酸	+	+
L - 苏氨酸	+	+
苹果酸	+	+
L - 苏糖醇	+	+
3 - 氨基 - 2 - 哌啶酮	+	+
L - 天冬氨酸	+	+
顺 - 4 - 氨基环己烷羧酸	+	+
左旋 - 谷氨酸	+	+
羊毛硫氨酸	—	+
木糖醇	+	+
十八烯酸单甘油酯	—	+
磷酸	+	+
丙酸	+	+
左旋 - 谷酰胺	+	+
萘普生	—	+
β - D - 呋喃果糖	+	+
D - 呋喃果糖	—	+
肉豆蔻酸	+	—
D - 松醇	—	+
半乳糖酸	—	+
葡萄糖	+	—

续表

中文名称	河北张家口燕麦	黑龙江齐齐哈尔燕麦
吡喃半乳糖	—	+
塔罗糖	—	+
D－葡萄糖醇	—	+
肌醇	+	—
β－D－呋喃半乳糖	—	+
D－葡萄糖酸	+	—
棕榈酸	+	+
亚油酸	+	+
油酸	+	+
反油酸	+	+
硬脂酸	+	+
9－十六烯酸	—	+
D－葡萄糖醛酸	—	+
17－十八炔酸	—	+
13 烯乌苏酸	—	+
花生酸	+	—
蔗糖	+	+
1－单棕榈酸甘油	—	+
甘露二糖	+	—
纤维二糖	+	—
单硬脂酸甘油酯	—	+
β－乳糖	—	+
谷甾醇	—	+
2－亚油酰甘油	+	—

9.2.2　两个不同地区燕麦代谢产物分析

9.2.2.1　两个不同地区燕麦相同代谢产物分析

两个不同地区燕麦的相同代谢产物及其相对含量如图9－3,表9－4所示。

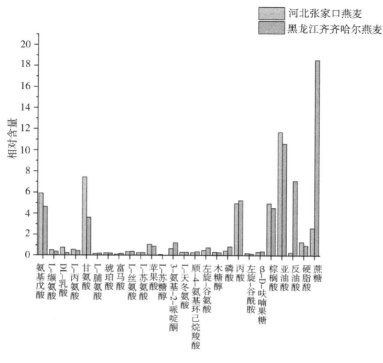

图 9 – 3　两样品相同代谢产物的相对含量

表 9 – 4　两样品相同代谢产物的相对含量

相同代谢产物名称	河北燕麦中相对含量%	黑龙江燕麦中相对含量%
氨基戊酸	5.91	4.64
L – 缬氨酸	0.5	0.35
DL – 乳酸	0.7	0.2
L – 丙氨酸	0.5	0.4
甘油	7.45	3.63
L – 脯氨酸	0.09	0.1
琥珀酸	0.15	0.14
富马酸	0.07	0.1
L – 丝氨酸	0.3	0.3
L – 苏氨酸	0.2	0.2
苹果酸	1.0	0.8
L – 苏糖醇	0.04	0.005
3 – 氨基 – 2 – 哌啶酮	0.6	1.2

续表

相同代谢产物名称	河北燕麦中相对含量%	黑龙江燕麦中相对含量%
L-天冬氨酸	0.29	0.29
顺-4-氨基环己烷羧酸	0.29	0.35
左旋-谷氨酸	0.5	0.7
木糖醇	0.29	0.27
磷酸	0.45	0.76
丙酸	4.97	5.27
左旋-谷氨酰胺	0.22	0.17
β-D-呋喃果糖	0.29	0.25
棕榈酸	4.97	4.54
亚油酸	11.9	10.8
反油酸	0.29	7.11
油酸	7.21	0.49
硬脂酸	1.32	0.99

相对含量最高的是亚油酸,均在10%以上,其次是蔗糖(河北张家口为2.63%,齐齐哈尔为18.62%)、反油酸(黑龙江齐齐哈尔为7.11%,而河北张家口燕麦中为0.29%)、氨基戊酸(河北张家口为5.91%,黑龙江齐齐哈尔为4.64%)、丙酸(河北张家口为4.97%,齐齐哈尔为5.27%)、棕榈酸(河北张家口为4.97%,齐齐哈尔为4.54%)、甘油(河北张家口为7.45%,齐齐哈尔为3.63%)、硬脂酸(河北张家口为1.32%,齐齐哈尔为0.99%),而L-缬氨酸、DL-乳酸、L-丙氨酸、L-脯氨酸、琥珀酸、富马酸、L-丝氨酸、L-苏氨酸、苹果酸、L-苏糖醇、3-氨基-2-哌啶酮、L-天冬氨酸、顺式-4-氨基环己烷羧酸、谷氨酸、木糖醇、磷酸、L-谷氨酰胺、β-D-呋喃果糖等相对含量则在1%以下。

燕麦本身具有耐寒属性,所以脂肪酸的含量会偏高,其种类也会相对多一些。而其他相对含量较低的代谢产物均为中间代谢产物,主要为氨基酸、有机酸,说明燕麦中三羧酸循环较强,三羧酸循环又与糖类代谢、脂肪酸代谢、能量代谢相关,所以其相关代谢途径也会加强,从而产生对人体有益的作用。人体中氨基酸的代谢主要包括两个方面:一方面主要用于合成机体自身所特有的蛋白质、多肽及其他含氮物质;另一方面是通过脱氨作用、转氨作用、联合脱氨或脱羧作用,分解成了α-酮酸、胺类及二氧化碳。由氨基酸分解生成的α-酮酸被转化为糖和脂类,或者再合成某些非必需氨基酸,也可以通过三羧酸循环被氧化成二氧化碳和水,以释放能量;有机酸参与了合成酚类、氨基酸、酯类和芳香物质的代谢过程,以及光合作用和呼吸作用。

　　两个不同地区燕麦代谢产物含量的不同可能是因为环境、产地及自身性质有关,亚油酸在两个不同地区燕麦里含量均较高,可能是因为燕麦本身不饱和脂肪酸含量就高,并且其主要脂肪酸就是亚油酸,所以含量高;而反油酸、蔗糖、甘油在黑龙江齐齐哈尔燕麦中含量高,但在河北张家口燕麦中含量很少,可能是因为燕麦是喜冷凉作物,齐齐哈尔昼夜温差大,雨量大,辐射充足,雨热同季,四季特点十分明显,另外,齐齐哈尔土壤资源丰富,土地肥沃,而河北张家口雨季、干季相当分明,并且正值雨季时,太阳辐射量会相应减少,所以在黑龙江齐齐哈尔燕麦中储能含量高。

9.2.2.2　两个不同地区燕麦差异代谢产物分析

　　河北张家口燕麦与黑龙江齐齐哈尔燕麦相比,差异代谢产物如表9 – 5所示。

表 9 – 5　河北张家口燕麦差异代谢产物列表

序号	名称
1	异丁酸
2	甘氨酸
3	L – Isoleucine L – 异亮氨酸
4	肉豆蔻酸
5	葡萄糖
6	肌醇
7	D – 葡萄糖酸
8	花生酸
9	甘露二糖
10	纤维二糖
11	2 – 亚油酰甘油

　　从表9 – 5可知河北张家口燕麦有11种差异代谢产物,包括2种有机酸,2种氨基酸,2种脂肪酸,3种糖类及2种中间产物。其相对含量如图9 – 4,2 – 亚油酰甘油(6.96%)相对含量最高,另外,D – 葡萄糖酸(1.16%)也有较高的相对含量,而其他物质均在2%以下。其中葡萄糖、甘露二糖、纤维二糖、肌醇和D – 葡萄糖酸参与糖代谢,甘氨酸和L – 异亮氨酸参与氨基酸代谢,肉豆蔻酸和花生酸参与脂肪酸代谢。异丁酸代谢途径未知,可能为中间代谢产物,可能是氨基酸

代谢途径的中间产物,同时氨基酸代谢途径占比最大。酸为单不饱和脂肪酸,其结构不够紧密,熔点低,推测2-亚油酰甘油是油酸的代谢中间产物。河北雨季、干季分明,生长季节气候爽凉,故肉豆蔻酸、花生酸等储能代谢产物较多,另外河北市属半干旱地区,年降水量为330~400 mm,水资源不足,所以进行光合作用次数较多,转化成的糖类也较多,故糖类及其衍生物较多,张家口土壤种类丰富,富含有机质和矿物质,故有机酸和氨基酸含量高,D-葡萄糖酸和异丁酸为一种有机酸,可促进三羧酸循环,加强代谢途径,甘氨酸和L-异亮氨酸可合成蛋白质。D-葡萄糖酸通过葡萄糖和UTP反应形成尿苷二磷酸葡糖(UDPG),然后被氧化成UDP-葡糖醛酸,甘氨酸由乙醛酸与谷氨酸发生转氨反应生成,L-异亮氨酸是由L-天冬氨酸在天冬氨酸激酶作用下合成L-苏氨酸,L-苏氨酸在L-苏氨酸脱水酶作用下生成的。

表9-6　黑龙江齐齐哈尔燕麦差异代谢产物列表

序号	名称
1	羊毛硫氨酸
2	十八烯酸单甘油酯
3	萘普生
4	D-呋喃果糖
5	D-松醇
6	半乳糖酸
7	吡喃半乳糖
8	L-塔罗糖
9	D-葡萄糖醇
10	β-D-呋喃半乳糖
11	9-十六烯酸
12	D-葡萄糖醛酸
13	17-十八炔酸
14	13烯乌苏酸
15	1-单棕榈酸甘油
16	单硬脂酸甘油酯
17	β-乳糖
18	谷甾醇

　　而黑龙江齐齐哈尔燕麦与河北张家口燕麦相比,差异代谢产物如表 9－6 所示,有 18 种差异代谢产物,包括 3 种脂肪酸,7 种糖类及 8 种中间产物,其相对含量如图 9－5 所示,谷甾醇含量最高(1.42%),其次是 D－呋喃果糖和 1－单棕榈酸甘油(0.7%),其他物质均在 0.6% 以下。D－呋喃果糖、吡喃半乳糖、L－塔罗糖、β－D－呋喃半乳糖、β－乳糖、D－葡萄糖醇和谷甾醇参与糖代谢,十八烯酸单甘油酯、9－十六碳烯酸、17－十八炔酸、13－烯乌苏酸、1－单棕榈酸甘油和单硬脂酸甘油酯参与脂肪酸代谢。D－松醇参与胆固醇酯代谢循环,由乙酰辅酶 A 经一系列合成转变而成,半乳糖酸参与丙酮酸代谢途径。脂肪酸可为燕麦提供能量,对植物本身的抗逆性起重要的作用,使其可适应寒冷的生长环境,也可在燕麦的生长过程中增强其抗旱属性。齐齐哈尔温度较低,昼夜温差大,雨热同季,辐射充足,使其燕麦代谢产物中糖类种类较多,经过光合作用生成或其他糖之间的相互转化及衍生形成,另外其中间产物可加强代谢,使代谢产物增多。

　　HQ 中检测出了羊毛硫氨酸与萘普生。羊毛硫氨酸是含硫氨基酸的一种,据了解,燕麦常用作饲料,在饲料中比较常见的就是羊毛硫氨酸,它的结构和胱氨酸相似,它的存在也高度依赖于胱氨酸的含量。胱氨酸断开弱二硫键产生脱氢丙氨酸,后者同胱氨酸结合生成羊毛硫氨酸,脱氢丙氨酸可由丝氨酸生成,该燕麦中存在丝氨酸,故在 HQ 中检测出了羊毛硫氨酸。萘普生(Naproxen,NPX)化学名称为 α－甲基－6－甲氧基－2－萘乙酸,是一种非甾体类抗炎药物,研究表明地表水、地下水及饮用水中均已检测到萘普生,这对生态环境的安全构成了严重威胁。而 HQ 中检测出萘普生,可能是因为在燕麦的生长过程中受到污染水的灌溉进而检测出萘普生。

　　由图 9－4 和图 9－5 可知差异代谢产物的相对含量,两种不同来源的燕麦中的代谢产物有所不同,也说明了产地对燕麦代谢产物具有显著影响,因此可得知燕麦代谢产物携带其来源信息,并且可以看出,差异代谢产物可以用作产地间区分的依据。HZ 和 HQ 分别有 5 种和 7 种差异代谢物参与糖代谢,而 HZ 有 2 种差异代谢物参与氨基酸代谢途径,HQ 有 1 种差异代谢物参与氨基酸代谢。另外 HZ 有 3 种差异代谢物参与脂肪酸代谢,HQ 有 6 种参与该途径,此外,HQ 有 1 种差异代谢物参与胆固醇酯代谢、1 种参与丙酮酸代谢、1 种参与葡糖醛酸代谢。由此可以得出 HQ 的代谢分支途径要较 HZ 的多。燕麦代谢产物的不同也可能是因为外界环境的影响因素,如对环境影响的感受性、耐受性以及对环境的应激性代谢等。

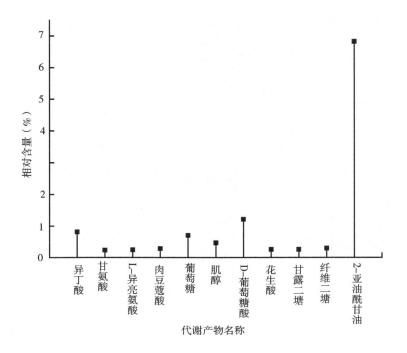

图 9-4 河北张家口燕麦差异代谢产物相对含量

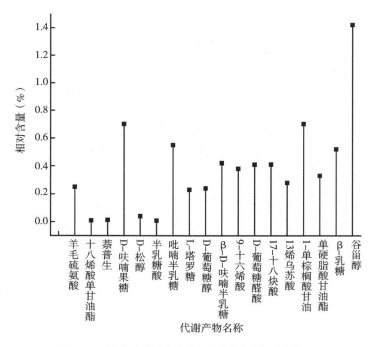

图 9-5 黑龙江齐齐哈尔燕麦差异代谢产物相对含量

9.2.3　两个不同地区燕麦差异代谢产物的代谢机制分析

河北张家口燕麦差异代谢产物有 5 种参与糖代谢途径(葡萄糖、甘露二糖、D‒纤维二糖、肌醇、葡萄糖酸),葡萄糖、甘露二糖、D‒纤维二糖可经光合作用生成或其他糖之间的相互转化及衍生形成;肌醇是葡萄糖在己糖激酶、肌醇‒1‒磷酸合成酶和碱性磷酸酶的作用下成环生成的;葡萄糖酸可经葡萄糖和 UTP 反应形成尿苷二磷酸葡糖(UDPG),接着被氧化成 UDP‒葡糖醛酸然后水解生成。两种参与氨基酸代谢途径(甘氨酸、L‒异亮氨酸),甘氨酸由乙醛酸与谷氨酸发生转氨反应生成;L‒异亮氨酸是由 L‒天冬氨酸在天冬氨酸激酶作用下合成 L‒苏氨酸,然后 L‒苏氨酸在 L‒苏氨酸脱水酶作用下生成的。2 种参与脂肪酸代谢途径(肉豆蔻酸、花生酸),可由脂肪的水解或者乙酰 CoA 经一系列缩合而成。2‒亚麻酰基‒rac‒甘油可由脂肪的水解或者乙酰 CoA 经一系列缩合而成。异丁酸代谢途径未知,异丁酸可能是氨基酸代谢途径的中间产物。

黑龙江齐齐哈尔燕麦差异代谢产物占 18 种,其中,有 6 种参与糖代谢途径(D‒呋喃果糖、吡喃半乳糖、L‒塔罗糖、β‒D‒呋喃半乳糖、β‒乳糖、谷甾醇),可经光合作用生成或其他糖之间的相互转化及衍生形成,β‒乳糖可由葡萄糖和半乳糖脱水缩合而成;6 种参与脂肪酸代谢途径[2‒十八烯酸单甘油酯、9‒十六碳烯酸、17‒十八炔酸、13‒烯乌苏酸、单棕榈酸甘油、单硬脂酸甘油酯],以上脂肪酸均由脂肪的水解或者乙酰 CoA 经一系列缩合而成;两种参与胆固醇酯代谢循环(D‒松醇),胆固醇酯均由乙酰辅酶 A 经一系列合成转变而成;1 种参与丙酮酸代谢途径(半乳糖酸),可能是由丙酮酸在乳酸脱氢酶的作用下生成;1 种参与葡糖醛酸途径(D‒葡萄糖醛酸),可经 6‒磷酸葡萄糖转化为 UDP‒葡萄糖,再由 NAD 连接的脱氢酶催化,形成 UDP‒葡萄糖醛酸。

在河北张家口燕麦代谢通路中,氨基酸代谢途径所占比重较大,氨基酸含量与蛋白质含量关系密切,燕麦的营养价值也以蛋白质和氨基酸的含量表示,异亮氨酸是必需氨基酸之一,也是燕麦营养价值的重要体现,糖是一种功能性低聚糖,脂肪酸可以提供能量,其饱和水平还可以提高植物对寒冷条件的抵抗力,这些不同的代谢产物可以看出,燕麦的质量以不同的方式受到影响。另外,又因氨基酸代谢途径所占比重最大,因此,氨基酸代谢可作为研究产地对燕麦品质影响的深入研究。而在产地为黑龙江齐齐哈尔的燕麦代谢通路中,参与较多的是脂肪酸代谢途径的差异代谢产物,糖代谢其次,说明其脂肪酸代谢途径所占比重大,脂肪酸可为燕麦提供能量,且对植物本身的抗逆性起重要的作用,使其可以适应寒冷的生长环境,也可在燕麦的生长过程中增强其抗旱属性。

由实验可知,品种相同,地区不同,燕麦代谢产物及含量也存在差异性。这种差异性经推测可能是由于代谢途径的错综复杂形成的,其次也可能是由于产地的不同而形成,说明产地对燕麦代谢产物具有显著影响,燕麦的代谢产物携带其产地信息,而在代谢途径中,河北张家口燕麦差异代谢产物有 5 种参与糖代谢途径,而黑龙江齐齐哈尔燕麦中有 6 种参与糖代谢途径,河北张家口燕麦差异代谢产物有两种参与氨基酸代谢途径,而黑龙江齐齐哈尔燕麦中没有物质参与氨基酸代谢途径,河北张家口燕麦差异代谢产物有 2 种参与脂肪酸代谢途径,而黑龙江齐齐哈尔燕麦中有 6 种参与脂肪酸代谢途径,且在黑龙江齐齐哈尔燕麦中有 1 种参与胆固醇酯代谢途径、1 种参与丙酮酸代谢途径、1 种参与葡糖醛酸代谢途径。由此可以得出,黑龙江齐齐哈尔燕麦代谢途径较河北张家口燕麦的多。燕麦代谢产物的不同也可能是因为外界环境的影响因素,如对环境影响的感受性、耐受性以及对环境的应激性代谢。

9.3　小结

本实验采用衍生的 GC – MS 技术对不同地区(河北张家口、黑龙江齐齐哈尔)燕麦中的代谢产物进行了分析。初步分离鉴定了中国不同地区燕麦中的代谢产物。这种方法对中国不同地区燕麦代谢产物极性成分的分离鉴定是有深远意义的。可以将这种方法推广到分析其他植物样品,以表征一种植物在环境、发育或遗传因素方面的代谢状况。

目前,食品安全事件层出不穷,人们对食品安全的关注也日益密切,随着人们生活水平的提高,有关食品营养、功能性食品的研究与发展更是受消费者的关注,而随着代谢组学的发展,代谢组学在食品领域的应用更具有价值,不仅在食品安全、食品营养、食品功能性成分中得到应用,而且未来也随着数据的丰富将逐步完善食品体系生物代谢途径模型的建立并为食品在生产产地溯源、在加工过程中监管得到进一步的应用。代谢组学在食品中的应用值得人们期待。

参考文献

[1]路长喜,周素梅,王岸娜. 燕麦的营养与加工[J]. 粮油加工,2008(1):89 – 92.

［2］李涵鑫. 燕麦籽粒物性与理化及加工特性关系研究［D］. 西安:陕西师范大学, 2015: 1 - 21.

［3］PAN Y, WU H, LUO J. J. , et al. Extraction and separation of beta - glucan and its molecular weight determination［J］. Food science, 2009, 30(20): 49 - 52.

［4］WANG C. T, HAN Y, LIU B. , et al. Comparison between oat bran and extruded oat bran ［J］. Food science, 2009, 30(21): 99 - 103.

［5］YU Y, HE F, QIN H. , et al. Analysis of development advantages of oat industry in baicheng city ［J］. Modern agricultural science and technology, 2018 (6): 42 + 44.

［6］HU X Z. Research progress on processing and functional characteristics of oat ［J］. Journal of wheat and barley crops, 2005(5): 122 - 124.

［7］NICHOLSON JK, LINDON JC, HOLMES E. 'Metabonomics': Understanding the metabolic responses of living systems to pathophysiological stimuli via multivariate statistical analysis of biological NMR spectroscopic data ［J］. Xenobiotica, 1999, 29(11): 1181 - 1189.

［8］FIEHN O, KOPKA J, DÖRMANN P, et al. Metabolite profiling for plant functional genomics ［J］. Nature Biotechnol, 2000, 18(11): 1157 - 1161.

［9］TANG H R, WANG Y L. Metabonomics: a revolution in progress［J］. Prog BiochemBiophys, 2006, 33(5): 401 - 417.

［10］XU Y. Y, YAO G. X, LIU P. X, et al. Application of metabolomics to the analysis of nutritional quality of agricultural products ［J］. Chinese journal of agricultural sciences, 2019, 52(18): 3163 - 3176.

［11］许国旺, 路鑫, 杨胜利. 代谢组学研究进展［J］. 中国医学科学院学报, 2007, 29(6): 701 - 711.

［12］FRANK T, SCHOLZ B, PETER S, et al. Metabolite profiling of barley: Influence of the malting process ［J］. Food Chem, 2011, 124(3): 948 - 957.

［13］SHU X. L. , FRANK T, SHU Q. Y. , et al. Metabolite profiling of germinating rice seeds ［J］. J Agric Food Chem, 2008, 56(24): 11612 - 11620.

［14］薛水玉, 王雪洁, 孙海峰, 等. 基于气质联用的款冬花蕾动态发育代谢组学特征分析［J］. 中国中药杂志, 2012, 37(19): 2863 - 2869.

［15］冯玉超, 王长远, 李雪, 等. 黑龙江省不同产地水稻的 GC - MS 代谢产物差异分析［D］. 食品科学, 2019, 40(2): 208 - 214.

［16］WANG，P. Study on simultaneous detection of various animal residues by liquid chromatography – time of flight mass spectrometry（lc – q – tof）［D］. Ocean university of China，2015.

［17］许彦阳，姚桂晓，刘平香，等. 代谢组学在农产品营养品质检测分析中的应用［D］. 中国农业科学，2019，52(18)：3163 –3176.

［18］ZHANG L. G. ，NelsonE Ward. Lanthionine，a non – common sulfur amino acid in feed［J］. Feed and animal husbandry，1988(6)：24.

［19］郑宾国，牛俊玲，郑正，等. γ – 射线辐照催化降解水溶液中萘普生［J］. 环境化学，2011，30(12)：2022 –2025.

［20］CHEN Y. H，ZHANG D. J，ZHANG G. F. ，et al. Research progress of metabolomics in food origin tracing［J］. Grain and feed industry，2016(7)：16 – 19 +28.